L'ÉDUCATION

L'ARITHMÉTIQUE

COURS COMPLET

PAR

Henri BUISSON

Licencié ès-sciences mathématiques, Professeur à l'École J.-B. Say

PARIS
LIBRAIRIE DES PUBLICATIONS MODERNES

1891

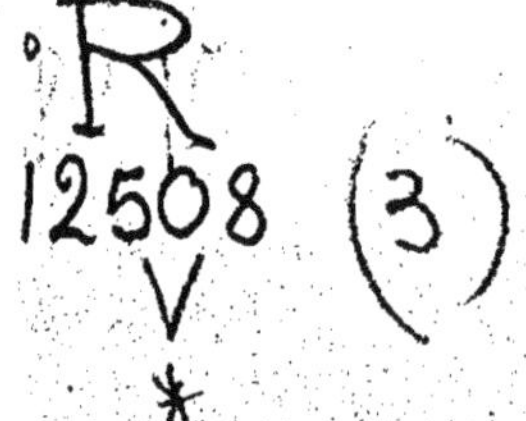

L'ARITHMÉTIQUE

CHAPITRE PREMIER

§ I. — PRÉLIMINAIRES — NUMÉRATION

1. — *L'arithmétique* est la science des *nombres*. Elle étudie leurs principales propriétés et en déduit des règles pour former des nombres inconnus ou demandés au moyen des nombres donnés.

2. — On entend par *grandeur* tout ce qui peut être augmenté ou diminué, compté ou mesuré, et, par *unité*, la grandeur prise comme terme de comparaison entre plusieurs grandeurs de même espèce.

Un *nombre* est la réunion de plusieurs unités. Exemple : Le nombre des soldats d'un régiment. Ici, la séparation des différentes unités se fait facilement, on peut compter ces unités et en déduire le *nombre*.

Soit, au contraire, une pièce de drap dont on veut apprécier la longueur, on cherchera combien de fois l'unité choisie, le mètre par exemple, est contenue dans la longueur, il y aura *mesure*. Le résultat de la mesure sera le *nombre* représentant la longueur.

Si l'unité est contenue un nombre exact de fois dans la grandeur mesurée, on dit qu'elle est *entière*, le nombre qui la représente est un *nombre entier*. Nous nous occuperons tout d'abord des nombres entiers.

3. — *La numération* est la partie de l'arithmétique qui s'occupe de la formation des nombres entiers, de leur dénomination et de leur écriture.

Pour former les nombres entiers successifs, on part de l'unité. En ajoutant l'unité à elle-même, on forme le nombre suivant et ainsi de suite. Nous allons nous occuper de donner des noms aux nombres entiers (*numération parlée*); puis de les représenter par des caractères d'écriture (*numération écrite*).

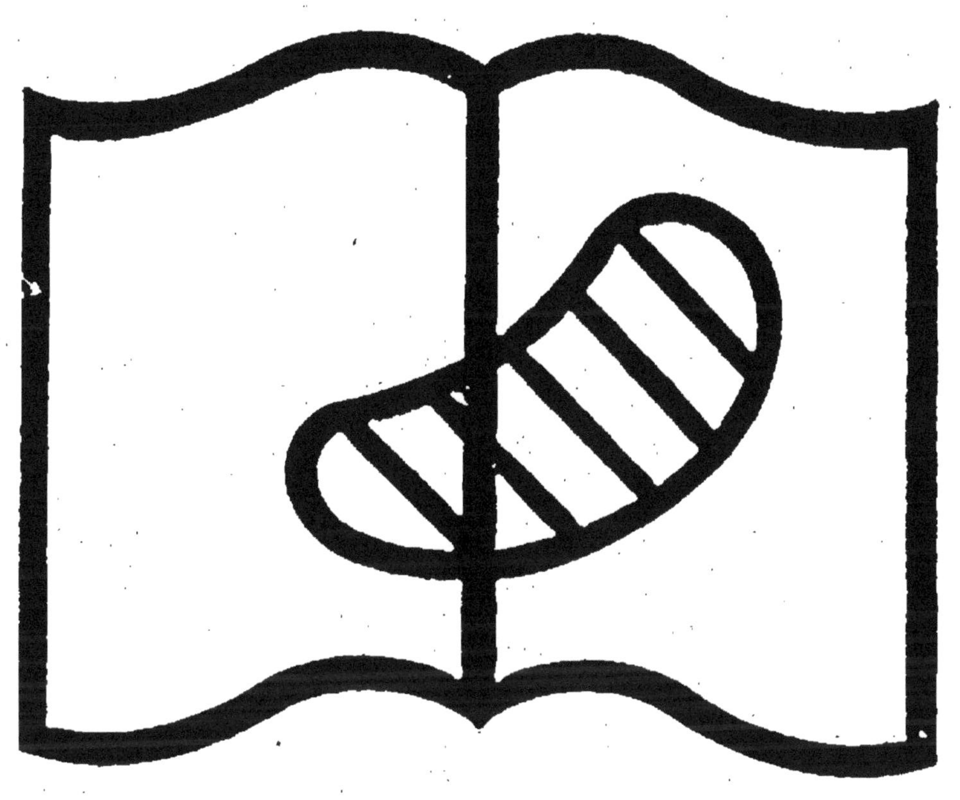

§ II. — NUMÉRATION PARLÉE

4. — On commence par donner des noms arbitraires aux neuf premières grandeurs entières :

Un, deux, trois, quatre, cinq, six, sept, huit, neuf.

On aurait pu continuer ainsi à donner des noms indépendants à chacune des grandeurs suivantes, mais la mémoire n'aurait pu retenir tous ces noms. Dès lors, au lieu de considérer une seule espèce d'unités, on en a considéré plusieurs se déduisant les unes des autres par une loi simple, consistant en ce que : *Il faut autant d'unités d'un ordre quelconque pour former une unité de l'ordre immédiatement supérieur qu'il faut d'unités du premier ordre pour former une unité du second.* Ce nombre constant s'appellle la *base* du système de numération.

5. — Le système le plus employé est le système décimal, dans lequel la base est le nombre *dix* (9 + 1), il s'appelle *dizaine*.

Les grandeurs entières suivantes se composeront d'une dizaine et d'un certain nombres d'unités simples :

dix + un.	onze,	noms indépendants
dix + deux	douze,	
dix + trois	treize,	
dix + quatre	quatorze,	
dix + cinq.	quinze,	
dix + six	seize,	
dix + sept.	dix-sept,	
dix + huit.	dix-huit,	
dix + neuf.	dix-neuf.	

La grandeur entière suivante dix + dix ou 2 dizaines se nomme vingt, et on désigne les suivantes par les noms vingt et un, vingt-deux, etc...

Jusqu'à trois dizaines ou.	trente,
quatre dizaines	quarante,
cinq dizaines.	cinquante,
six dizaines	soixante,
sept dizaines.	soixante-dix,
huit dizaines.	quatre-vingts,
neuf dizaines	quatre-vingt-dix,
dix dizaines	cent

ou *centaine*, nouvelle espèce d'unités avec laquelle on procède comme on avait procédé avec les dizaines et les unités, on formera les grandeurs

une centaine.	cent,
deux centaines	deux cents, etc.,

jusqu'à dix centaines ou *mille*.

Les grandeurs intermédiaires entre 2 centaines successives seront composées, outre les centaines, d'un certain nombre de dizaines et d'unités simples.

Les *mille* forment une nouvelle espèce d'unités ou une 2e *classe* d'unités. — On formera les dizaines et centaines de *mille* comme on avait formé les dizaines et centaines d'unités simples. Les grandeurs intermédiaires entre deux unités de mille successives seront formées par un certain nombre de mille, de centaines, de dizaines et d'unités simples. On arrivera ainsi à une grandeur composée de dix centaines de mille ou mille unités de mille, on l'appellera *million*, elle formera une 3e *classe* d'unités, avec laquelle on procèdera comme avec les mille. Les classes d'unités suivantes s'appelleront *billions* (mille millions),
trillions (mille billions),
quatrillions (mille trillons).
quintillions (mille quatrillons).

Ces noms sont formés des mots latins désignant les 9 premiers nombres, *bis*, *ter*, *quater*, *quintum*, etc., auxquels on donne la terminaison : illion.

6. — *Remarques*. — I. On voit qu'avec un nombre très restreint de mots, on peut désigner des grandeurs renfermant autant d'unités simples qu'on veut.

II. Il est facile, au moyen des neuf noms désignant les unités simples, et ceux qui désignent les unités des différents ordres, de former le nom du nombre qui représente une grandeur quelconque. Soit à mesurer une longueur, ou bien elle sera l'une des grandeurs qui a reçu un nom, ou bien elle sera comprise entre deux unités successives, par exemple entre une dizaine de mille et une centaine de mille. Retranchons de cette longueur l'unité de dizaine de mille autant de fois que possible, soit *trois fois*, le reste sera inférieur à une dizaine de mille et contiendra au plus neuf mille. Retranchons-en l'unité de mille autant de fois que possible, soit *quatre fois*, le reste sera inférieur à un mille et contiendra au plus neuf centaines. Retranchons toujours du reste les centaines autant de fois que possible, soit *six*, le reste sera inférieur à une centaine et contiendra au plus neuf dizaines. Supposons, enfin, qu'il contienne *sept* dizaines et qu'il reste trois unités simples. La grandeur se compose de *trois* dizaines de mille, *quatre* unités de mille, *six* centaines, *sept* dizaines d'unités simples et *trois* unités simples ou trente-quatre mille six cent soixante-treize mètres.

III. Le choix de la base d'un système de numération est arbitraire quand, dans certains marchés, on faisait usage du système *duodécimal* (base 12), on groupait les unités simples par *douzaines*, 12 douzaines formaient une nouvelle espèces d'unités, la *grosse*, 12 *grosses* constituaient la *masse*. De même pour les unités de longueur. La toise se divisait en 6 pieds, le pied en *douze* pouces, le pouce en *12 lignes*.

Il est resté aussi dans le langage des vestiges du système *vigésimal* (base 20), quatre-vingts, six-vingts, quinze-vingts.

Le système *sexagesimal* (base 60) est encore employé dans la mesure du temps, des arcs. L'heure se divise en 60 minutes, la minutes en 60 secondes. De même l'arc de 1 degré (1°) se divise en 60 minutes (60′), et l'arc de 1 minute se divise en 60 secondes (60″).

Enfin, le système *binaire*, qui était très répandu chez les anciens Chinois, a *comme base* le nombre *deux*; ainsi, une unité du 2e ordre vaut deux unités simples, une unité de 3e ordre vaut 2 unités du second ou quatre unités simples, etc.

§ III. — NUMÉRATION ÉCRITE

7. — On représente par 9 caractères arbitraires les neuf premiers nombres. Ces caractères s'appellent chiffres :

1 2 3 4 5 6 7 8 9

On pourrait alors écrire le nombre trouvé dans l'exemple précédent : 3 dizaines de mille, 4 unités de mille, 6 centaines, 7 dizaines, 3 unités. Pour abréger l'écriture, on admet la convention suivante :

Tout chiffre écrit à la gauche d'un autre représente des unités d'un ordre immédiatement supérieur.

Moyennant cette convention, notre nombre s'écrira :

34.673

Remarques. — I. On a introduit un dixième chiffre, le 0, qui sert à remplacer dans l'écriture d'un nombre les unités d'un ordre quelconque qui pourraient manquer :

Exemple : Le nombre trente mille trente s'écrit :

30.030

Les unités de mille, les centaines et les unités simples, qui n'existent pas dans le nombre proposé, sont remplacées par 0.

RÈGLE : *On écrit le chiffre qui représente les unités de l'ordre le plus élevé, à sa droite le chiffre qui représente les unités de l'ordre immédiatement inférieur, etc., en ayant soin de remplacer par 0 les unités d'un certain ordre qui manquent.*

II. Il y a donc lieu de distinguer la *valeur absolue* d'un chiffre, celle qu'il tient de sa forme, et la *valeur relative*, celle qu'il tient de la place qu'il occupe dans le nombre ; ainsi, dans l'exemple précédent, le chiffre 3, qui est à la gauche du nombre, représente des dizaines de mille tandis que le 2e chiffre 3 représente des dizaines d'*unités* simples. La valeur relative du 1er est mille fois plus grande que celle du 2e.

8. — *Réciproquement. Lire un nombre écrit.*

Soit le nombre $\underset{3}{\underline{75}}.\underset{2}{\underline{327}}.\underset{1}{\underline{442}}$

Partageons le nombre en tranches de trois chiffres à partir de la droite, afin de séparer les différentes classes d'unités situées dans ce nombre. Le 1re tranche à gauche contient des unités de 3e classe, des millions. La 2e contient des mille et la 3e des unités simples, le nombre se lit :

75 millions,
327 mille,
442 unités.

D'où la règle : *Partager le nombre en tranches de trois chiffres à partir de la droite, lire chaque tranche à partir de la gauche comme si elle était seule, en la faisant suivre du nom de la classe d'unités qu'elle représente.*

9. — *Remarques.* — I. Les caractères 1, 2, 3..... 9, universellement adoptés pour l'écriture des nombres, sont les *chiffres arabes*. Les *chiffres romains* sont encore employés dans les énumérations, numéros de chapitres, date d'édition d'ouvrages, etc.

Les caractères principaux étaient :

I. 1
V 5
X 10
L 50
C 100
D 500
M 1000

Pour les nombres compris entre 1 et 5, on les formait en répétant 2 ou 3 fois le caractère I, ainsi : II = 2, III = 3, le nombre 4 s'écrivait IV, l'unité mise avant 5 diminuait la valeur du caractère V d'une unité. On formait ensuite VI = 6, VII = 7, VIII = 8, IX = 9; l'unité placée devant X diminuait la valeur du caractère et ainsi de suite.

D'où le tableau suivant :

1	I	14	XIV	90	XC
2	II	15	XV	100	C
3	III	16	XVI	110	CX
4	IV	17	XVII	200	CC
5	V	18	XVIII	300	CCC
6	VI	19	XIX	400	CD
7	VII	20	XX	500	D
8	VIII	30	XXX	600	DC
9	IX	40	XL	700	DCC
10	X	50	L	800	DCCC
11	XI	60	LX	900	CM
12	XII	70	LXX	1000	M
13	XIII	80	LXXX		

Par exemple : l'année 1890 s'écrira :

MDCCCXC

Le chapitre 67 s'écrira :

LXVII

II. Dans le système binaire, deux caractères d'écriture suffiront pour écrire tous les nombres : ce sont les chiffres 1 et 0, en revanche, les *ordres* d'unités sont très nombreux, en effet :

1	unité du	2e	ordre vaut	2	unités simples
1	—	3e	—	4	—
1	—	4e	—	8	—
1	—	5e	—	16	—
1	—	6e	—	32	—
1	—	7e	—	64	—

Nous arrivons à employer des unités du 7e ordre pour écrire le ombre 64.

Soit le nombre 1.101.101.

Il a pour valeur :	1 unité simple	=	1
	+ 1 unité du 3e ordre	=	4
	+ 1 unité du 4e ordre	=	8
	+ 1 unité du 6e ordre	=	32
	+ 1 unité du 7e ordre	=	64
			109

Il contient donc 109 unités simples.

En examinant la composition d'un nombre écrit dans le système binaire, on voit qu'il sera possible de former tous les nombres jusqu'à 63, en réunissant d'une façon convenable les nombres 1, 2, 4, 8, 16, 32 et, en général, qu'un nombre quelconque peut se décomposer en une somme de puissances du nombre 2.

10. — Nous avons supposé que la grandeur à mesurer *était entière.* S'il n'en est pas ainsi, c'est-à-dire si, après en avoir retranché l'unité autant de fois que possible, 5 par exemple, le reste n'est pas nul; pour mesurer ce reste, qui est inférieur à une unité, on divisera l'unité en un certain nombre de parties égales, 100 par exemple, et on cherchera combien le reste renferme de ces parties. — Supposons qu'il en renferme 21 exactement. La grandeur sera composée d'un certain nombre d'unités plus 21 fois la centième partie de l'unité, la grandeur est dite *fractionnaire*, le nombre qui la mesure est un nombre *fractionnaire.*

Le reste sera représenté par la *fraction* $\frac{21}{100}$ (21 centièmes d'unité). Le nombre 100, qui indique en combien de parties l'unité a été divisée, est le *dénominateur* de la fraction; le nombre 21, qui indique combien le reste contient de ces parties, est le *numérateur* de la fraction. Le nombre représentant la grandeur sera

$$5 \frac{21}{100}$$

Pour énoncer une fraction, on énonce le numérateur, puis le dénominateur qu'on fait suivre de la terminaison ième, on dira cinq septièmes (cinq fois la septième partie de l'unité), sauf pour les dénominateurs 2, 3, 4, qu'on énonce : demi, tiers, quart.

Pour écrire une fraction, on écrit le numérateur, au-dessous, le dénominateur en les séparant par un trait horizontal.

Ex.: $\frac{7}{8}$ (sept huitièmes).

11. — Il peut se présenter un troisième cas dans lequel on ne peut définir la composition de la grandeur. Il se peut, en effet, qu'en quelque nombre entier de parties qu'on divise l'unité, aucune de ces parties ne soit comprise un nombre exact de fois dans la grandeur considérée. On dit alors qu'elle est *incommensurable* avec l'unité. Néanmoins, on peut toujours trouver une grandeur commensurable qui diffère de la 1re d'aussi peu qu'on veut. Divisons, par exemple, l'unité en 1000 parties égales, et retranchons de la grandeur l'une de ces parties autant de fois que possible, le reste sera inférieur à la partie considérée, c'est-à-dire à $\frac{1}{1000}$, on aura donc *mesuré la grandeur* à $\frac{1}{1000}$ près.

CHAPITRE II

Opérations d'arithmétique

§ 1. — DÉFINITIONS

12. — *L'addition arithmétique* a pour but de déterminer le nombre qui représente le résultat de la réunion de plusieurs grandeurs de même espèce représentées par les nombres qui les mesurent.

LE PRINCIPE ÉVIDENT, qui est la base des opérations arithmétiques, est *qu'on peut réunir d'une façon quelconque les nombres qui mesurent des grandeurs de même espèce, on obtient toujours le même résultat.*

Pour ajouter deux nombres, on indique l'opération par le signe (+) qui s'énonce plus, 5 augmenté de 3 s'écrit : $5 + 3$.

Le signe (=) exprime l'égalité, $3 = 2 + 1$ signifie que 3 est égal à $2 + 1$.

Pour retrancher deux nombres, on indique l'opération par le signe (—) qui s'énonce moins, 5 diminué de 3 s'écrit : $5 - 3$.

Il peut se faire qu'on ait une suite d'opérations en nombres quelconques, elle s'indiquera au moyen des deux signes.

Ex.: $5 + 4 - 3 + 2 - 1$.

Nous appellerons *polynôme arithmétique*, une suite de nombres séparés par les signes (+) ou (—), l'expression $5+4-3+2-1$ sera un polynôme aritqmétique.

La *valeur* du polynôme s'obtiendra en effectuant les opérations dans l'ordre indiqué, et nous les supposerons toujours exécutables dans cet ordre. On pourra, par conséquent, supposer exécutées ou non exécutées, une ou plusieurs des opérations situées en tête de la suite ainsi :

$$5+4-3+2-1 = (5+4-3)+2-1$$

dans le 2e polynôme, la parenthèse indique que les opérations $(5+4-3)$ sont effectuées ; dans le 1er polynôme, elles ne le sont pas, mais si on veut calculer la valeur du polynôme, il faudra commencer par effecuer les opérations $(5+4-3)$ dans le 1er polynôme comme dans le 2e.

13. — *Théorème.* Dans un polynôme arithmétique, on peut intervertir l'ordre des termes d'une façon quelconque, à la seule condition que les opérations restent exécutables dans le nouvel ordre indiqué.

I. — On peut intervertir l'ordre des deux derniers termes.

1° Supposons que les deux dernières opérations soient deux additions :

$$5+4-2+6+7 = 5+4-2+7+6$$

En effet, le polynôme peut s'écrire : $(5+4-2)+6+7$ et, dans une suite d'additions, on peut intervertir les nombres d'une façon quelconque :

donc : $(5+4-2)+6+7 = (5+4-2)+7+6$
ou : $5+4-2+6+7 = 5+4-2+7+6$

2° Supposons qu il y ait addition et soustraction

(1) $$9+7-6+8-5 = 9+7-6-5+8$$

Ajoutons 5 aux 2 polynômes

$$9+7-6+8-5+5 = 9+7-6-5+8+5$$

Le polynôme du 2e nombre se termine par deux additions, on peut les intervertir

$$9+7-6+8-5+5 = 9+7-6-5+5+8$$

Dans les 2 polynômes, les 2 opérations consécutives $-5+5$ se détruisant, il reste l'identité

$$9+7-6+8 = 9+7-6+8$$

donc l'égalité (1) est vérifiée.

3° Les deux derniers termes indiquent des soustractions

(2) $7 + 4 - 3 + 9 - 8 - 2 = 7 + 4 - 3 + 9 - 2 - 8$

Ajoutons 2 aux deux polynômes. Le 1er devient :

$$7 + 4 - 3 + 9 - 8 - 2 + 2 = 7 + 4 - 3 + 9 - 8$$

Le 2e $7 + 4 - 3 + 9 - 2 - 8 + 2 =$

ou en intervertissant les deux derniers termes

$$= 7 + 4 - 3 + 9 - 2 + 2 - 8$$

Les opérations consécutives $-2 + 2$ se détruisant, il reste pour le 2e polynôme :

$$7 + 4 - 3 + 9 - 8$$

L'égalité (2) se trouve ainsi vérifiée.

II. — On peut intervertir l'ordre de 2 termes consécutifs.

$$9 + 5 + 8 + 10 - 15 + 13 = 9 + 5 + 8 - 15 + 10 + 13$$

D'après la 1re partie

$$9 + 5 + 8 + 10 - 15 = 9 + 5 + 8 - 15 + 10$$

Ajoutons 13 à ces 2 polynômes égaux

$$9 + 5 + 8 + 10 - 15 + 13 = 9 + 5 + 8 - 15 + 10 + 13$$

III. — On peut intervertir les termes d'une façon quelconque. Du moment qu'on peut intervertir deux termes consécutifs, il est possible d'amener un terme désigné à occuper un rang quelconque. — Soit le 4e terme d'un polynôme, on pourra l'amener successivement à occuper le 3e rang, puis le 2e, puis le 1er.

Ex.: $9 + 5 - 7 + 8 - 6 = 8 - 7 + 9 - 6 + 5$

$$9 + 5 - 7 + 8 - 6 = 9 + 5 + 8 - 7 - 6 = 9 + 8 + 5 - 7 - 6$$
$$= 8 + 9 + 5 - 7 - 6 = 8 + 9 - 7 + 5 - 6 = 8 - 7 + 9 + 5 - 6$$
$$= 8 - 7 + 9 - 6 + 5$$

14. — *Corollaires.* — I. *Pour additionner deux polynômes arithmétiques, il suffit de les écrire l'un à la suite de l'autre en les séparant par le signe* (+).

$$(5 - 4 + 3) + (7 - 5 + 4) = 5 - 4 + 3 + 7 - 5 + 4$$

En effet, dans la somme :

(1) $$(5-4+3)+(7-5+4)$$

On peut supprimer la 1re parenthèse et écrire :

(2) $$5-4+3+(7-5+4)$$

Ces 2 sommes ne diffèrent pas, on suppose seulement dans (1) la 1re opération effectuée, elle ne l'est pas dans (2). — Intervertissons, on obtient :

(3) $$(7-5+4)+5-4+3$$

la parenthèse peut se supprimer

$$7-5+4+5-4+3$$

ou enfin :

$$5+4+3+7-5+4$$

15. — II. *Pour soustraire un polynôme arithmétique d'un autre polynôme, on change tous les signes du polynôme à soustraire.*

(1) $$(5+6-4+2)-(3+7-11) = 5+6-4+2-3-7+11$$

Pour vérifier cette égalité, il suffit de montrer qu'en ajoutant aux deux membres deux nombres égaux, les résultats sont égaux.

Ajoutons $(3+7-11)$:

$$5+6-4+2-(3+7-11)+(3+7-11) = 5+6-4+2-3-7+11+(3+7+11)$$

Le 1er nombre se réduit à

$$5+6-4+2$$

Dans le 2e nombre on peut supprimer la parenthèse et intervertir l'ordre des opérations

$$5+6-4+2-3+3-7+7+11-11 = 5+6-4+2$$

Les deux nombres sont devenus identiques, donc (1) est vérifiée.

Remarques. — I. Soient 2 polynômes arithmétiques égaux, on peut leur ajouter ou leur retrancher un même nombre, les polynômes restent évidemment égaux.

Conséquence. — *Pour faire passer un terme d'un nombre d'une égalité dans l'autre membre, il suffit de l'y inscrire avec un signe contraire à celui qu'il avait d'abord.*

Ainsi : $$5+6-4=7$$

Ajoutons 4 aux deux nombres, on aura

$$5+6-4+4 = 7+4$$

ou

$$5+6 = 7+4$$

De même, soit $5+6+4 = 15$

Retranchons 4 aux 2 membres de l'égalité

$$5+6 = 15-4$$

II. *Le signe de l'inégalité* est (<), on met au sommet de l'angle la plus petite quantité, ainsi, 5 plus petit que 7 s'écrit : $5 < 7$ ou $7 > 5$.

§ II. — ADDITION

18. — *1er cas.* — Les deux nombres sont inférieurs à 10.
On consulte la table d'addition.

0	1	2	3	4	5	6	7	8	9
1	2	3	4	5	6	7	8	9	10
2	3	4	5	6	7	8	9	10	11
3	4	5	6	7	8	9	10	11	12
4	5	6	7	8	9	10	11	12	13
5	6	7	8	9	10	11	12	13	14
6	7	8	9	10	11	12	13	14	15
7	8	9	10	11	12	13	14	15	16
8	9	10	11	12	13	14	15	16	17
9	10	11	12	13	14	15	16	17	18

Soit à calculer $6+7$. On prend la ligne 6, la colonne 7, à l'intersection de la ligne et de la colonne, on trouve le nombre 13, qui sera la somme des nombres 6 et 7.

Cette table est facile à construire : Dans une 1re colonne, on inscrit les 10 premiers nombres à partir de 0, dans la 2e, 10 nombres consécutifs à partir de 1, etc. On isole la 1re ligne et la 1re colonne, qui ne serviront que comme indication des rangs, des lignes et des colonnes.

2e cas. — L'un des nombres est inférieur à 10, l'autre est quelconque.

Soit : 756 + 7

Le nombre 756 peut s'écrire 75 dizaines + 6 unités, la somme sera :

75 dizaines + (6 + 7) unités

ou 75 dizaines + 13 unités

75 dizaines + 1 dizaine + 3 unités

76 dizaines + 3 unités

ou finalement 763

L'opération se dispose ainsi :

$$\begin{array}{r} 7 \\ 756 \\ \hline 75\ (13) \end{array} \quad \text{ou} \quad \begin{array}{r} 7 \\ 756 \\ \hline 753 \\ 1 \end{array} \Big\} = 763$$

Règle. — On additionne les unités simples des deux nombres, si leur somme est supérieure à 10, on en extrait la dizaine que l'on ajoute aux dizaines du second nombre.

3e cas. — *Addition de plusieurs nombres quelconques.* Soit à effectuer la somme :

16.537 + 4.354 + 856

Il s'agit de réunir en un seul nombre toutes les unités contenues dans ces trois nombres, comme on peut effectuer cette réunion dans un ordre quelconque, nous disposerons la somme ainsi :

10.000	+ 6.000	+ 500	+ 30	+ 7
	+ 4.000	+ 300	+ 50	+ 4
		800	+ 50	+ 6

1 (dizaine de mille) + 10 (mille) + 16 (centaines) + 13 (dizaines) + 17 unités

ou :

1 dizaine de mille
+ 1 dizaine de mille + 1 mille + 6 centaines
+ 1 centaine + 3 dizaines
+ 1 dizaine + 7 unités

Total :

2 (dizaines de mille) + 1 (mille) + 7 (centaines) + 4 (dizaines) + 7 (unités)

c'est-à-dire : 2.1747

D'où la règle suivante :

	16.537
	4.354
	856
Total.	2.1747

On dispose les nombres les uns au-dessous des autres, de façon que les unités de même espècé soient dans une même colonne verticale, on additionne d'abord toutes les unités simples, si leur somme est inférieure à 9, on l'écrit au total, si elle est supérieure à 9, on écrit les unités simples et on retient les dizaines que l'on réunit aux dizaines de la colonne suivante, et ainsi de suite jusqu'à la dernière colonne à gauche dont on écrit la somme telle qu'on la trouve.

Remarque. — Un moyen de vérification est de recommencer l'addition, en réunissant les nombres des diverses colonnes en allant de bas en haut, ou d'intervertir l'ordre des nombres et de recommencer l'addition, tous les totaux doivent être égaux, puisqu'on peut intervertir l'ordre des opérations (nº 14).

§ III. — SOUSTRACTION

17. — *Définition.* — On se propose de retrancher d'un nombre donné autant d'unités qu'il y en a dans un nombre donné. — Le résultat de cette opération s'appelle *reste*, *différence* ou *excès*.

1er cas. — Le second nombre et le reste ont un seul chiffre. — On peut alors se servir de la *table d'addition*. Soit à effectuer la soustraction (15 — 8), on descend la colonne 8 jusqu'au nombre 15, on suit la ligne qui renferme 15 de droite à gauche, le nombre 7, écrit en tête de cette ligne, est la différence cherchée.

2e cas. — Le 1er nombre est quelconque, le second n'a qu'un chiffre. — Deux cas peuvent se présenter :

1º Le chiffre des unités du 1er nombre est supérieur au nombre à retrancher.

Ex.: 789 — 7

Cette opération peut s'écrire :

$$780 + 9 - 7 = 780 + 2 = 782$$

Règle. — On retranche le 2e nombre des unités du 1er. Le reste se composera d'abord des dizaines du nombre, à la droite de ces dizaines on écrira la différence trouvée.

2° Le 2e nombre est supérieur au chiffre des unités du 1er.

Soit : $784 - 8$

Établissons d'abord le principe suivant :

On peut augmenter deux nombres d'un même nombre sans altérer leur différence.

Par exemple :

$$784 + 10 - (8 + 10) = 784 - 8$$

En effet, le 1er nombre peut s'écrire (n° 15)

$$784 + 10 - 8 - 10$$

En intervertissant l'ordre des opérations

$$784 - 8 + 10 - 10$$

Les deux dernières opérations se détruisent, il reste :

$$784 - 8$$

Par conséquent, si nous ajoutons 10 aux deux nombres 784 et 8, on aura à effectuer l'opération

$$784 + 10 - (10 + 8)$$

ou : 78 dizaines + 14 unités — 1 dizaine — 8 unités
(78 — 1) dizaines + (14 — 8) unités
= 776

L'opération se dispose ainsi :

```
          784
            8
          ---
Reste.......  776
```

Règle. — On ajoute 10 unités aux unités du 1er nombre, on en retranche le 2e nombre donné et on diminue les dizaines du 1er nombre de 1.

3e cas. — Les deux nombres sont quelconques.

Soit à effectuer la différence :

$$45.847 - 6.059$$

Cette opération peut s'écrire :

$$40.000 + 5.000 + 800 + 40 + 7$$
$$- 6.000 - 900 - 50 - 9$$

Comme on peut effectuer ces opérations dans un ordre quelconque (nº 14), on retranchera, successivement, chacune des unités des différents ordres qui composent le 2e nombre des unités de même ordre du 1er. Nous aurons ainsi à retrancher 9 unités de 7, la soustraction n'étant pas possible, nous ajouterons 10 unités aux unités du 1er nombre, nous aurons alors à retrancher 9 de 17, le reste sera 8 unités. Pour ne pas altérer la différence, nous ajouterons une dizaine au 2e nombre et nous aurons à retrancher 6 dizaines de 4 dizaines, la soustraction ne peut se faire, nous ajouterons 10 dizaines au 1er nombre et nous continuerons comme précédemment.

L'opération se dispose ainsi :

	45.847
	6.959
Reste.	38.888

Règle. — On écrit le 2e nombre au-dessous du 1er en ayant soin que les unités de même espèce soient les unes sous les autres; si les unités simples du 1er nombre sont supérieures à celles du 2e, on effectue la soustraction; sinon, on ajoute 10 aux unités du 1er, sauf à augmenter ensuite le chiffre des dizaines du 2e nombre de 1. On retranche ensuite les dizaines du 2e nombre de celles du 1er, et ainsi de suite jusqu'à ce qu'on ait retranché du 1er nombre toutes les unités des différents ordres contenues dans le 2e nombre.

§ IV. — MULTIPLICATION

18. — *Définition.* — La multiplication a pour but de composer un nombre appelé *produit* avec un nombre donné appelé *multiplicande*, comme un deuxième nombre appelé multiplicateur a été formé avec l'unité.

Le signe de la multiplication est ×; ainsi, 85 × 43 veut dire : 85 multiplié par 43. Le nombre 43 a été obtenu en réunissant 43 unités, le produit s'obtiendra en réunissant en un seul 43 nombres égaux à 85, donc la *multiplication des nombres entiers* n'est qu'une *addition de nombres égaux*, et c'est l'égalité des nombres qu'on additionne qui permet de simplifier l'addition.

1er cas. — Produit de 2 nombres d'un seul chiffre.

On a recours à la table de multiplication.

TABLE DE PYTHAGORE

	1	2	3	4		6	7	8	9	10	11	12	13	14	15	16	17	18	19
1	1	2	3	4	5	6	7	8	9	10	11	12	13	14	15	16	17	18	19
2	2	4	6	8	10	12	14	16	18	20	22	24	26	28	30	32	34	36	38
3	3	6	9	12	15	18	21	24	27	30	33	36	39	42	45	48	51	54	57
4	4	8	12	16	20	24	28	32	36	40	44	48	52	56	60	64	68	72	76
5	5	10	15	20	25	30	35	40	45	50	55	60	65	70	75	80	85	90	95
6	6	12	18	24	30	36	42	48	54	60	66	72	78	84	90	96	102	108	114
7	7	14	21	28	35	42	49	56	63	70	77	84	91	98	105	112	119	126	133
8	8	16	24	32	40	48	56	64	72	80	88	96	104	112	120	128	136	144	152
9	9	18	27	36	45	54	63	72	81	90	99	108	117	126	135	144	153	162	171
10	10	20	30	40	50	60	70	80	90	100	110	120	130	140	150	160	170	180	190
11	11	22	33	44	55	66	77	88	99	110	121	132	143	154	165	176	187	198	209
12	12	24	36	48	60	72	84	96	108	120	132	144	156	168	180	192	204	216	228
13	13	26	39	52	65	78	91	104	117	130	143	156	169	182	195	208	221	234	247
14	14	28	42	56	70	84	98	112	126	140	154	168	182	196	210	224	238	252	266
15	15	30	45	60	75	90	105	120	135	150	165	180	195	210	225	240	255	270	285
16	16	32	48	64	80	96	112	128	144	160	176	192	208	224	240	256	272	288	304
17	17	34	51	68	85	102	119	136	153	170	187	204	221	238	255	272	289	306	323
18	18	36	54	72	90	108	126	144	162	180	198	216	234	252	270	288	306	324	342
19	19	38	57	76	95	114	133	152	171	190	209	228	247	266	285	304	323	342	361

Nous avons inscrit dans cette table le produit des 19 premiers nombres deux à deux, il serait très utile de connaître ces produits par cœur.

Voici comment on se sert de la table :

Soit à effectuer le produit 8 × 9.

Nous prendrons la colonne intitulée 8, la ligne intitulée 9, le nombre 72, écrit à l'intersection de la colonne 8 et de la ligne 9, est le produit 8 × 9.

La table a été construite de la façon suivante : Dans une 1re colonne, on inscrit les 19 premiers nombres. La 2e colonne commence par 2, le 2e nombre est $(2+2)=4$, le 3e $(4+2)=6$, chaque nombre est égal au précédent $+2$. Dans la 3e colonne, on a inscrit 3, $3+3$, $6+3$, etc., chaque nombre est égal au précédent $+3$ et ainsi de suite.

Le tableau ainsi formé a été bordé d'une ligne et d'une colonne contenant les 19 premiers nombres entiers; ces nombres servent à numéroter les colonnes et les lignes.

2e cas. — Produit d'un nombre formé d'un chiffre significatif suivi d zéros par un nombre d'un seul chiffre.

Soit : 700×6

d'après la définition, on aura à effectuer l'addition suivante :

$$\begin{array}{ll} & 7 \text{ centaines} \\ + & 7 \quad - \\ + & 7 \quad - \\ + & 7 \quad - \\ + & 7 \quad - \\ + & 7 \quad - \\ \hline \end{array}$$

ou (6×7) centaines $=$ 42 centaines $= 4200$

Règle. — On multiplie le chiffre significatif du multiplicande par le multiplicateur et on inscrit à la droite du produit autant de zéros qu'il y en a au multiplicande.

19. — *Principes.* — I. Pour multiplier un nombre par 10, 100, 1000, il suffit d'ecrire à la droite du nombre 1, 2, 3 zéros.

Soit : $435 \times 1000 = 435000$

En effet, le chiffre 5, qui représentait des unités simples, représente maintenant des unités de mille, sa valeur relative est 1000 fois plus grande.

Le chiffre 3, qui représentait des dizaines, représente maintenant des dizaines de mille, sa valeur relative est mille fois plus grande, il en est de même pour le chiffre 4. — Chacun des chiffres du 2e nombre ayant une valeur relative 1000 fois plus grande que dans le 1er, le 2e nombre a une valeur 1000 fois plus grande.

20. — II. Dans un produit de deux facteurs, on peut intervertir l'ordre des facteurs sans changer la valeur du produit.

$$6 \times 4 = 4 \times 6$$

6 peut s'écrire $1+1+1+1+1+1 = 6$

il faut donc effectuer la somme

$$\begin{array}{l} 1+1+1+1+1+1 \\ 1+1+1+1+1+1 \\ 1+1+1+1+1+1 \\ 1+1+1+1+1+1 \\ \hline \end{array}$$

Cette somme peut s'effectuer dans un ordre quelconque (n° 13). Si on additionne par lignes horizontales, on trouve qu'une ligne renferme 6 unités, et puisqu'il y a 4 lignes, on aura le produit (6×4). Si on additionne par colonnes verticales, on trouve 4 unités dans une colonne, or il y a 6 colonnes identiques, on obtiendra le produit (4×6). Or, on a réuni chaque fois toutes les unités du tableau, donc :

$$6 \times 4 = 4 \times 6$$

3e cas. — Produit d'un nombre quelconque par un nombre d'un seul chiffre.

Soit : 7.435×4

Le multiplicande peut s'écrire :

$$7.000 + 400 + 30 + 5$$

D'après la définition de la multiplication, on aura à effectuer la somme suivante :

$$\begin{array}{r} 7.000 + 400 + 30 + 5 \\ + 7.000 + 400 + 30 + 5 \\ + 7.000 + 400 + 30 + 5 \\ + 7.000 + 400 + 30 + 5 \\ \hline \end{array}$$

Cette somme peut être effectuée dans un ordre quelconque, additionnons par colonnes, nous obtiendrons :

$$7.000 \times 4 + 400 \times 4 + 30 \times 4 + 5 \times 4$$

ou, d'après le 2e cas : $28.000 + 1.600 + 120 + 20$

ou :

$$\begin{array}{r} 28.000 \\ + \ 1.000 + 600 \\ + 100 + 20 \\ + 20 \\ \hline \text{Produit} : = 29.740 \end{array}$$

Règle. — On multiplie successivement chacun des chiffres du multiplicande, en commençant par la droite, par le multiplicateur, si l'un des produits partiels surpasse 9, on écrit le chiffre des unités et on conserve les dizaines pour les réunir aux dizaines du produit suivant. Le dernier produit s'écrit tel qu'il a été obtenu.

Remarques. — I. Soit à multiplier *un nombre d'un seul chiffre par un nombre de plusieurs chiffres.*

Par ex.: 7×459

On peut ramener ce cas au précédent en intervertissant l'ordre des facteurs :

$$7 \times 459 = 459 \times 7 = 3213$$

II. Soit à multiplier *un nombre d'un seul chiffre par un nombre composé d'un chiffre significatif suivi de plusieurs zéros.*

On ramène ce cas à un cas déjà traité; en effet :

$$8 \times 900 = 900 \times 8 = 7200$$

4e *cas.* — *Le multiplicande et le multiplicateur sont quelconques.*

Soit : 4356×784

D'après la définition, il s'agit de composer un nombre avec 4356 comme 784 est composé avec l'unité; or, 784 est formé par la réunion de (700+80+4) unités, le produit sera formé par la réunion de (700+80+4) fois le multiplicande, c'est-à-dire

$$\text{Produit} = 4356 \times 700 + 4356 \times 80 + 4356 \times 4$$

Tous ces produits rentrent dans des cas déjà examinés; supposons-les effectués, en réunissant les produits partiels, on aura le produit des deux nombres. Pour simplifier, on adopte la disposition suivante :

		4.356
		784
4.356 × 4 =	17.424	17.424
4.356 × 80 =	348.480	348.48
4.356 × 700 =	3.049.200	3.049.2
Total. . .	3.415.104	3.415.104

Règle. — Ayant écrit le multiplicateur sous le multiplicande, de façon que les unités des différents ordres se correspondent. On multiplie le multiplicande successivement par chacun des chiffres du multiplicateur, en commençant par les unités du multiplicateur, et on écrit ces différents produits partiels de manière que leur dernier chiffre se trouve dans la colonne verticale du chiffre du multiplicateur qui a servi à les former.

Remarque. — Une première vérification de l'exactitude de l'opération serait de recommencer la multiplication en prenant le multiplicande pour multiplicateur, et réciproquement, on devra retrouver le même produit.

Théorèmes relatifs aux produits de facteurs

21. — *Remarque.* — Soit le produit $5 \times 7 \times 3 \times 6 \times 9$, il représente l'opération suivante : 5 doit être multiplié par 7, le produit obtenu par 3, et ainsi de suite jusqu'à ce qu'on ait employé tous les facteurs. D'où il résulte qu'on peut supposer *effectué* ou *non effectué* le produit de 2 ou plusieurs facteurs placés *en tête du produit.*

Ainsi : $5 \times 7 \times 3 \times 6 \times 9 = (5 \times 7 \times 3) \times 6 \times 9$

22. — *Théorème. Dans un produit d'un nombre quelconque de facteurs, on peut intervertir l'ordre des facteurs d'une manière quelconque sans altérer le produit.*

I. Dans un produit de 3 facteurs, on peut intervertir l'ordre des 2 derniers.

Soit le produit : $3 \times 4 \times 5$

Pour former ce produit, il faut répéter 3, 4 fois, soit : $(3+3+3+3)$, puis répéter ce produit 5 fois, c'est-à-dire effectuer la somme suivante :

$$\begin{array}{c} 3+3+3+3 \\ 3+3+3+3 \\ 3+3+3+3 \\ 3+3+3+3 \\ 3+3+3+3 \end{array}$$

Cette somme peut être effectuée dans un ordre quelconque, en additionnant par lignes horizontales, on trouve dans une ligne 3×4 et comme il y a 5 lignes identiques, la somme sera $3 \times 4 \times 5$; en additionnant par colonnes verticales, on trouve dans une colonne 3×5, et comme il y a 4 colonnes identiques, la somme sera $3 \times 5 \times 4$, donc

$$3 \times 4 \times 5 = 3 \times 5 \times 4$$

II. Dans un produit d'un nombre quelconque de facteurs, on peut intervertir l'ordre des deux derniers,

$$5 \times 4 \times 3 \times 7 \times 8 = 5 \times 4 \times 3 \times 8 \times 7$$

En effet, le produit des facteurs qui précèdent les 2 derniers peut être supposé effectué (n° 21), ce qu'on indique en les mettant dans une parenthèse.

Ainsi : $5 \times 4 \times 3 \times 7 \times 8 = (5 \times 4 \times 3) \times 7 \times 8$

On a alors un produit de 3 facteurs dans lequel on peut intervertir l'ordre des 2 derniers.

$$(5 \times 4 \times 3) \times 7 \times 8 = (5 \times 4 \times 3) \times 8 \times 7$$

On peut supposer non effectué le produit des facteurs placé en tête de l'opération, ce qu'on indique en supprimant les parenthèses, de sorte que :

$$5 \times 4 \times 3 \times 7 \times 8 = 5 \times 4 \times 3 \times 8 \times 7$$

III. Dans un produit d'un nombre quelconque de facteurs, on peut ntervertir l'ordre de deux facteurs consécutifs.

$$5 \times 4 \times 3 \times 7 \times 8 \times 9 = 5 \times 4 \times 7 \times 3 \times 8 \times 9$$

D'après ce qui précède :

$$5 \times 4 \times 3 \times 7 = 5 \times 4 \times 7 \times 3$$

On peut multiplier ces 2 nombres égaux par le produit 8×9 sans changer l'égalité

$$5 \times 4 \times 3 \times 7 \times 8 \times 9 = 5 \times 4 \times 7 \times 3 \times 8 \times 9$$

IV. *Conséquence.* — On peut intervertir, d'une façon quelconque, les facteurs qui composent un produit.

Ainsi : $5 \times 4 \times 3 \times 7 \times 8 = 3 \times 4 \times 8 \times 7 \times 5$

Prenons dans le 1er produit le facteur 3 qui doit occuper le 1er rang dans le 2e facteur, on pourra l'amener à occuper le 1er rang dans le 1er produit en l'intervertissant successivement avec le facteur placé à sa gauche :

$$5 \times 4 \times 3 \times 7 \times 8 = 5 \times 3 \times 4 \times 7 \times 8 = 3 \times 5 \times 4 \times 7 \times 8$$

On procède de même pour le facteur 4 qui doit occuper le 2e rang dans le 2e produit et ainsi de suite.

$$3 \times 5 \times 4 \times 7 \times 8 = 3 \times 4 \times 5 \times 7 \times 8$$
$$3 \times 4 \times 5 \times 7 \times 8 = 3 \times 4 \times 5 \times 8 \times 7 = 3 \times 4 \times 8 \times 5 \times 7$$
$$= 3 \times 4 \times 8 \times 7 \times 5$$

23. — *Pour multiplier un produit de plusieurs facteurs par un nombre, il suffit de multiplier l'un de ces facteurs par le nombre.*

$$(4 \times 8 \times 5) \times 9 = 4 \times (8 \times 9) \times 5$$

En effet, le 1er produit peut s'écrire : $4 \times 8 \times 5 \times 9$ ou

$$8 \times 9 \times 4 \times 5 = (8 \times 9) \times 4 \times 5 = 4 \times (8 \times 9) \times 5$$

24. — *Pour multiplier un nombre par un produit de plusieurs facteurs, on peut multiplier le nombre par le 1er facteur, le produit obtenu par la 2e, etc.*

$$25 \times (3 \times 4 \times 5) = 25 \times 3 \times 4 \times 5$$

En effet : $25 \times (3 \times 4 \times 5 = (3 \times 4 \times 5) \times 25 = 3 \times 4 \times 5 \times 25$
$$= 25 \times 3 \times 4 \times 5$$

Remarque. — Ces différents principes permettent d'effectuer plus rapidement certains produits, soit par exemple :

$$2 \times 11 \times 8 \times 4 \times 5 \times 7 \times 25 \times 125$$

on peut l'écrire : $(2 \times 5)\ (4 \times 25)\ (8 \times 125) \times 7 \times 11$
$$= 10 \times 100 \times 1000 \times 77 = 77.000.000$$

Produits de polynômes arithmétiques

25. — I. Produit d'un polynôme par un nombre.

Soit : $[5 - 3 + 4 - 2] \times 3$

D'après la définition de la multiplication, il faudra effectuer l'addition :

$$\begin{array}{r} 5 - 3 + 4 - 2 \\ + 5 - 3 + 4 - 2 \\ + 5 - 3 + 4 - 2 \\ \hline \end{array}$$

Cette somme, pouvant être effectuée dans un ordre quelconque, nous additionnerons par colonnes verticales, ce qui donnera :

$$5 \times 3 - 3 \times 3 + 4 \times 3 - 2 \times 3$$

Règle. — On multiplie chacun des termes du polynôme par le nombre en conservant les signes du polynôme.

II. Produit d'un nombre par un polynôme,

soit : $$3 \times [5 - 3 + 4 - 2]$$

On peut intervertir l'ordre des facteurs :

$$3 \times [5 - 3 + 4 - 2] = (5 - 3 + 4 - 2)3 = 5 \times 3 - 3 \times 3 + 4 \times 3 - 2 \times 3$$

La règle est la même que dans le 1er cas.

26. — III. Produit de deux polynômes arithmétiques.

Soit : $$[5 - 4 + 2] \times [8 + 3 - 2]$$

Désignons par N la valeur du 2e polynôme

$$N = 8 + 3 - 2$$
$$(5 - 4 + 2)N = 5N - 4N + 2N$$

Remplaçons N par sa valeur :

$$= (8 + 3 - 2)5 - (8 + 3 - 2)4 + (8 + 3 - 2)2$$
$$= [8 \times 5 + 3 \times 5 - 2 \times 5] - [8 \times 4 + 3 \times 4 - 2 \times 4] + [8 \times 2 + 3 \times 2 - 2 \times 2]$$

Effectuons cette addition et soustraction de polynômes en observant la règle (n° 15).

$$= \begin{cases} 8 \times 5 + 3 \times 5 - 2 \times 5 \\ - 8 \times 4 - 3 \times 4 + 2 \times 4 \\ + 8 \times 2 + 3 \times 2 - 2 \times 2 \end{cases}$$

On voit ainsi que chacun des termes 5, 4, 2 du 1er polynôme ont été multipliés successivement par les termes 8, 3, 2 du 2e. On voit aussi que les termes 5 et 8 (— 4) et (— 2), qui ont le même signe dans les 2 polynômes, se trouvent dans le produit avec le signe (+); au contraire, les termes — 4 et 3, 5 et (— 2), qui ont des signes contraires produisent des produits précédés du signe (—).

Règle. — On multiplie successivement chacun des termes du 1er polynôme par chacun des termes du second, si les deux termes employés ont le même signe (+) ou (—), on inscrit leur produit avec le signe (+). Si les deux termes ont des signes contraires, on donne à leur produit le signe (—).

Puissances

26. — *Définition.* On appelle puissance d'un nombre le produit de plusieurs facteurs égaux à ce nombre. Ainsi, le carré ou le cube de 5 est le produit de 2 ou de 3 facteurs égaux à 5.

$$\text{carré de } 5 = 5 \times 5$$
$$\text{cube de } 5 = 5 \times 5 \times 5$$

Pour simplifier l'écriture des puissances, on écrit à la droite du nombre et au-dessus, le nombre de fois que le nombre est pris comme facteur, c'est l'*exposant* de la puissance.

Ainsi : $5 \times 5 = 5^2$ (cinq puissance ^{2})
$5 \times 5 \times 5 = 5^3$ (cinq puissance ^{3})

27. — Théorèmes. — I. *Pour multiplier deux puissances d'un même nombre, on additionne les exposants.*

$$5^2 \times 5^3 = 5^5$$

En effet : $5^2 \times 5^3 = (5 \times 5) \times (5 \times 5 \times 5)$

Dans ce produit, le nombre 5 est pris 2 fois + 3 fois, c'est-à-dire 5 fois comme facteur, ce produit est donc : $5^{2+3} = 5^5$.

II. — *Pour élever une puissance d'un nombre à une nouvelle puissance, on multiplie les exposants des deux puissances :*

$$(5^2)^3 = 5^6$$

En effet $(5^2)^3 = 5^2 \times 5^2 \times 5^2$

D'après le théorème précédent, il faut additionner les exposants :

$$5^2 \times 5^2 \times 5^2 = 5^{2 \times 3} = 5^6$$

III. — *Pour élever un produit de plusieurs facteurs à une certaine puissance, on élève chaque facteur à cette puissance :*

$$(7 \times 5 \times 2)^3 = 7^3 \times 5^3 \times 2^3$$

En effet : $(7 \times 5 \times 2)^3 = (7 \times 5 \times 2) \times (7 \times 5 \times 2) \times (7 \times 5 \times 2)$
$= (7 \times 7 \times 7) \times (5 \times 5 \times 5) \times (2 \times 2 \times 2)$
$= 7^3 \times 5^3 \times 2^3$

De même : $(7^2 \times 5^3 \times 2^4)^3 = 7^6 \times 5^9 \times 2^{12}$

28. — *Remarque sur le nombre des chiffres d'un produit.*

Le nombre des chiffres d'un produit de plusieurs facteurs est au plus égal au nombre des chiffres contenus dans les différents facteurs et au moins égal à ce nombre diminué du nombre des facteurs moins un.

Soit le produit des 3 facteurs :

$$353 \times 4375 \times 89$$

ayant respectivement 3, 4, 2 chiffres.

Le produit aura un nombre de chiffres au plus égal à $(3+4+2)$, somme des chiffres des différents facteurs, et au moins égal à

$$3+4+2-(3-1)$$

Soit n le nombre des chiffres du produit, on aura :

$$3+4+2-(3-1)<n<3+4+2$$

Observons tout d'abord qu'un nombre quelconque, 825, par exemple, est compris entre deux puissances successives de 10

$$10^2 < 825 < 10^3$$

Les exposants de ces puissances de 10 sont, d'une part, le nombre des chiffres du nombre; d'autre part, ce nombre diminué de 1.

Réciproquement. — Si un nombre est inférieur à une puissance de 10 il a au plus un nombre de chiffres égal à l'exposant de cette puissance. Soit un nombre inférieur à 1.000 ou 10^3, il a au plus 3 chiffres, puisque 1.000 est le plus petit des nombres de 4 chiffres.

De même, soit un nombre supérieur à une puissance de 10, son nombre de chiffres est au moins égal à l'exposant de la puissance de 10 $+ 1$. Ainsi, tout nombre plus grand que 100 ou 10^2 a au moins 3 chiffres puisque 100 est le plus petit des nombres de 3 chiffres.

Ceci posé, on peut écrire :

$$\begin{array}{rcrcl} 10^{3-1} & < & 353 & < & 10^3 \\ 10^{4-1} & < & 4.375 & < & 10^4 \\ 10^{2-1} & < & 89 & < & 10^2 \\ \hline \end{array}$$

Multiplions ces inégalités membre à membre

$$10^{3+4+2-3} < 353 \times 4.375 \times 89 < 10^{3+4+2}$$

La 1re inégalité montre que le nombre des chiffres du produit est au moins égal à :

$$(3+4+2-3)+1 \quad \text{ou} \quad 3+4+2-(3-1)$$

La 2e inégalité prouve que ce nombre de chiffres sera au plus égal à :

$$3+4+2$$

d'où : $$3+4+2-(3-1) < n < 3+4+2$$

ce qui justifie la proposition.

29. — *Remarque relative au carré de la somme de deux nombres au carré de leur différence et au produit de leur somme par leur différence.*

I. Soit à effectuer $(25+32)^2$

$$(25+32)^2 = (25+32)(25+32) =$$
$$= \begin{bmatrix} 25^2 + 32 \times 25 \\ + 32 \times 25 + 32^2 \end{bmatrix} \qquad \text{(N° 26)}$$
$$= 25^2 + 2(32 \times 25) + 32^2$$

Le carré de la somme de deux nombres se compose de la somme des carrés des deux nombres augmentée de leur double produit.

II. Soit à effectuer $(32-25)^2$

$$(32-25)^2 = (32-25)(32-25 = \begin{bmatrix} 32^2 - 32 \times 25 \\ - 32 \times 25 + 25^2 \end{bmatrix}$$
$$= 32^2 - 2(32 \times 25) + 25^2$$

Le carré de la différence de 2 nombres se compose de la somme des carrés des 2 nombres, diminuée de leur double produit.

III. Soit à effectuer le produit :

$$(32+25)(32-25)$$

$$32+25)(32-25) = \begin{bmatrix} 32^2 + 25 \times 32 \\ - 25 \times 32\ 25^2 \end{bmatrix}$$
$$= 32^2 - 25^2$$

Le produit de la somme de deux nombres par leur différence se compose de la différence des carrés des 2 nombres.

§ V. — DIVISION

30. — *Définition.* — La division est une opération ayant pour objet de retrancher autant de fois que possible d'un nombre appelé *dividende*, un autre nombre appelé *diviseur*. Le *quotient* de la division est le nombre qui indique combien de fois le dividende renferme le diviseur. Si le dividende contient le diviseur un nombre exact de fois, on dit que la division se fait *exactement*, et le dividende est égal au produit du diviseur par le quotient. Si, après avoir retranché du dividende le diviseur autant de fois que possible, on arrive à un reste inférieur au diviseur, la division ne se fait pas exactement et le dividende est égal au produit du diviseur par le quotient + le reste. D, d, Q, R, désignant le dividende, le diviseur, le quotient et le reste, on a :

$$D = d \times Q + R$$
$$R \text{ étant } < d$$

Le signe de la division est (:) et il s'énonce divisé par; ainsi 16 : 4 signifie 16 divisé par 4.

1er cas. — Le diviseur et le quotient sont des nombres d'un seul chiffre.

On reconnait que le quotient est inférieur à 10 quand, en inscrivant un zéro à la droite du diviseur, on forme un nombre supérieur au dividende. En effet, 10 fois le diviseur étant supérieur au dividende, c'est que le diviseur est contenu moins de 10 fois dans le dividende, c'est-à-dire que le quotient est plus petit que 10.

L'opération s'effectue à l'aide de la table de Pythagore. Deux cas se présentent :

I. La division se fait exactement, soit 72 : 8. On prend la colonne intitulée 8, on descend cette colonne jusqu'au nombre 72, le nombre 9 inscrit en tête de la ligne horizontale qui contient 72 est le quotient cherché. En effet, d'après la construction de la table : $8 \times 9 = 72$.

II. La division ne se fait pas exactement, soit 74 : 8. Dans la colonne 8, ne se trouve pas le nombre 74, on prend le nombre de cette colonne immédiatement inférieur à 74, c'est 72, on suit la ligne qui contient 72, le nombre 9, écrit en tête de cette ligne, est le quotient.

On dit que ce quotient est approché à une unité *par défaut* parce que 74 contient 9 fois 8, mais ne le contient pas 10 fois. 10 serait le quotient approché à une unité *par excès* d'où la double inégalité :

$$8 \times 9 < 74 < 8 \times 10$$

2e cas. — Le diviseur est quelconque, le quotient n'a qu'un seul chiffre.

On reconnaît encore que le quotient n'a qu'un chiffre quand, en inscrivant un zéro à la droite du diviseur, on forme un nombre supérieur au dividende.

Soit 4.325 : 863, désignons par Q le quotient.

Le dividende contient le produit du diviseur par le quotient. Le diviseur se compose de 8 centaines + 6 dizaines + 3 unités. Le produit du diviseur par Q se composera (n° 25) du produit des centaines, des dizaines et des unités du diviseur par Q. Les centaines × Q produiront des centaines qu'on devra rechercher dans les centaines du dividende. Nous sommes conduits à diviser les 43 centaines du dividende par le 1er chiffre du diviseur. Le quotient 5 ne peut être trop faible, mais il peut être trop fort, car le produit des dizaines du diviseur par Q peut donner des centaines, il faudra essayer ce chiffre 5 et pour cela, il faudra le multiplier par le diviseur et voir si le produit obtenu peut se retrancher du dividende.

$$863 \times 5 = 4.315$$

Ce produit est inférieur au dividende, 5 n'est pas trop fort, c'est, par suite, le chiffre exact du quotient, le reste de la division sera :

$$4.325 - 4.315 = 10$$

Règle. — On sépare à la gauche du dividende un ou deux chiffres de façon à former un nombre contenant au moins une fois et moins de 10 fois le 1er chiffre à gauche du diviseur. On divise ce nombre par le 1er chiffre du diviseur, on multiplie le quotient obtenu par le diviseur et on retranche le produit du dividende. Si la soustraction est possible, on conserve pour quotient le quotient obtenu; sinon, on essaye le chiffre immédiatement inférieur.

On dispose le calcul de la façon suivante :

$$\begin{array}{r|l} 4.325 & 863 \\ \cline{2-2} 4.315 & 5 \\ \hline 10 & \end{array}$$

Ou, en supposant la soustraction effectuée au fur et à mesure que l'on forme le produit (863 × 5),

$$\begin{array}{r|l} 4.325 & 863 \\ \cline{2-2} 10 & 5 \end{array}$$

ou enfin : $$4.825 = 863 \times 5 + 10$$

3e cas. — Division de 2 nombres quelconques.

Soit : 432.715 : 825

Il faut d'abord déterminer le nombre des chiffres du quotient. A cet effet, inscrivons succcessivement 1, 2, 3, 4 zéros à la droite du diviseur jusqu'à ce que nous formions un nombre supérieur au dividende, le nombre de zéros inscrit sera égal au nombre des chiffres du quotient.

En effet, nous formons ainsi les nombres

8.250, 82.500, 825.000

Ce dernier nombre étant supérieur au dividende, nous allons montrer que le quotient aura 3 chiffres.

Or: $82.500 < 432.715 < 825.000$

Le dividende contient le diviseur 100 fois au moins et moins de 1000 fois, le quotient est compris entre 100 et 1000; c'est un nombre de 3 chiffres.

Ainsi, le quotient sera composé de centaines, de dizaines et d'unités. Le produit du diviseur par le quotient se composera (nº 25) :

du produit du diviseur par les centaines du quotient,
+ — dizaines —
+ — unités —

la somme de ces différents produits devra se trouver dans le dividende. Le 1er de ces produits sera un nombre exact de centaines, on devra le rechercher dans les centaines du dividende et nous allons établir : *qu'en divisant les centaines du dividende par le diviseur, on obtiendra exactement le 1er chiffre du quotient.* Effectuons cette division :

(1) $825 \times 5 < 4.327 < 825 \times 6$

Multiplions tous les termes par 100.

(2) $825 \times 500 < 432.700 < 825 \times 600$

Les deux derniers termes de l'inégalité (1) différaient d'au moins 1 dans (2) ils diffèrent d'au moins 100, on peut donc ajouter 27 au nombre 432.700 sans altérer les inégalités (2).

On aura : $825 \times 500 < 432.727 < 825 \times 600$

C'est-à-dire que le dividende contient le diviseur un nombre de fois compris entre 500 et 600, 5 est donc le chiffre exact des centaines du quotient. Multiplions 825 par 5 et retranchons le produit des 432 centaines du dividende, nous obtiendrons comme *1er reste* le nombre 20.215.

Ce reste contiendra le produit du diviseur par les dizaines et par les unités du quotient.

On démontrerait, comme précédemment, qu'on obtiendra le chiffre exact des dizaines du quotient en divisant les dizaines du 1er reste par le diviseur, on fera le produit du 2e chiffre du quotient par le diviseur, on le retranchera du 1er reste, on obtiendra un 2e reste, etc.

D'où la règle : On cherche combien il y aura de chiffres au quotient, soit 3; on sépare à la droite du dividende 3 chiffres et on forme ainsi un *1er dividende* qu'on divise par le diviseur, on obtient le 1er chiffre du quotient. On multiplie ce chiffre par le diviseur, on retranche le produit du 1er dividende, on obtient le 1er reste à la droite duquel on inscrit le chiffre suivant du dividende, on obtient *un 2e dividende* sur lequel on opère comme on a opéré sur le 1er et ainsi de suite jusqu'à ce qu'on ait obtenu tous les chiffres du quotient. On donne à l'opération la disposition suivante :

4327.15	825
202.1	524
37.15	
4.15	

Le quotient est 524.
Le reste est 415.

Théorèmes relatifs à la division

31. — I. *La condition nécessaire et suffisante pour qu'une égalité de la forme* $A = B \times C + D$ *représente une division, dont B est le diviseur, C le quotient, D le reste, est que : D soit inférieur à B.*

La condition est nécessaire, car si D était supérieur ou égal à B, on pourrait écrire :

$$A \geqq B \times C + B$$
$$A \geqq B (C + 1)$$

A contenant B au moins $(C + 1)$ fois, C ne serait pas le quotient de la division de A par B.

La condition est suffisante. Supposons, en effet, $D < B$, on aura :

$$B \times C < A < B \times C + B$$
$$B \times C < A < B (C + 1)$$

A contient B, C fois et non $(C + 1)$ fois, C est bien le quotient.

32. — *Corollaires.* — I. Les deux égalités

$$A = B \times C + D \qquad (1)$$
$$A = B \times C_1 + D_1$$

dans lesquels D et D_1 sont inférieurs à B, sont incompatibles à moins que $C = C_1$ et $D = D_1$.

On déduirait des deux inégalités (1)

$$B \times C + D = B \times C_1 + D_1 \qquad (2)$$
$$B(C - C_1) = D_1 - D$$

Les nombres D et D_1 étant inférieurs à B, leur différence sera inférieure à B. Or, si les nombres C et C_1 diffèrent, le 1er membre est le produit de B par un nombre entier, il est donc supérieur ou égal à B, donc l'égalité (2) n'est possible que si

$$C = C_1 \quad D = D_1$$

Il n'existe donc qu'un seul système de nombres, C D (D inférieur à B) vérifiant (1).

33. — II. *La condition nécessaire et suffisante pour que deux nombres divisés par un 3e fournissent le même reste est que leur différence soit divisible par le 3e nombre.*

La condition est nécessaire : Soient A et B deux nombres, C le 3e nombre, divisons A et B par C, soient Q, Q_1 les quotients, R le reste.

$$A = C \times Q + R$$
$$B = C \times Q_1 + R$$
$$A - B = C(Q - Q_1)$$

A — B étant le produit de C par un nombre entier est divisible par C.

La condition est suffisante : Divisons encore les nombres A et B par le nombre C, soient R et R_1 les restes :

$$A = C \times Q + R$$
$$B = C \times Q_1 + R_1$$
$$A - B = C(Q - Q_1) + R - R_1$$

Par hypothèse : $$A - B = C \times q$$

donc : $$C \times q = C(Q - Q_1) + R - R_1$$

(2) $$C[q - Q + Q_1] = R - R_1$$

R et R_1 sont les restes de divisions dans lesquelles C est le diviseur, ils sont inférieurs à C; leur différence est, à plus forte raison, inférieure à C, elle ne peut être égale au produit de C par un nombre entier. Donc, l'égalité (2) n'est possible que si l'on suppose

$$q + Q_1 = Q \text{ et } R = R_1 \text{ c. q. f. d.}$$

Exemple. — *On se propose de déterminer tous les nombres inférieurs à* 1.000 *qui, divisés par* 67, *donnent comme reste* 15.

Ces nombres devront différer d'un multiple de 67. Le plus petit de ces nombres est : (67 + 15). Les autres seront :

$$(2 \times 67 + 15),\ (3 \times 67 + 15) \ldots\ldots (n \times 67 + 15)$$

34. — III. *Pour diviser un polynôme arithmétique par un nombre on divise chacun des termes du polynôme par le nombre.*

$$(16 + 20 - 12 + 8) : 4 = (16 : 4) + (20 : 4) - (12 : 4) + (8 : 4)$$
$$= 4 + 5 - 3 + 2$$

En effet, si on multiplie chacun des termes de ce nouveau polynôme par 4, on reproduit le 1er, donc :

$$16 + 20 - 12 + 8 = (4 + 5 - 3 + 2) \times 4$$
$$4 + 5 - 3 + 2$$

est donc bient le quotient de :

$$(16 + 20 - 12 + 8) \text{ par } 4$$

35. — IV. *Pour diviser un produit de plusieurs facteurs par un nombre, il suffit de diviser l'un des facteurs par le nombre.*

$$15 \times 20 \times 12 : 10 = 15 \times (20 : 10) \times 12$$
$$= 15 \times 2 \times 12$$

En effet, multiplions ce produit par 10, pour cela, multiplions le facteur 2 par 10, nous reproduisons le 1er produit :

$$(15 \times 2 \times 12) \times 10 = 15 \times (2 \times 10) \times 12 = 15 \times 20 \times 12$$

Donc :

$$(15 \times 20 \times 12) : 10 = 15 \times 2 \times 12$$

36. — V. *Lorsqu'on multiplie ou lorsqu'on divise le dividende et le diviseur par un même nombre, le quotient ne change pas, mais le reste est multiplié ou divisé par ce nombre.*

Soit la division :

$$A = B \times Q + R \qquad (1)$$

Multiplions les deux membres de l'égalité par n

$$A \times n = B \times Q \times n + R \times n$$

ou : $$A \times n = (B \times n) Q + R \times n \qquad (2)$$

Cette égalité traduira la division de An par Bn, si $R \times n$ est inférieur à $B \times n$.

Or, d'après (1) $$R < B$$

donc $$R \times n < B \times n$$

Donc Q est le quotient de la division de $(A \times n)$ par $(B \times n)$ et $R \times n$ est le nouveau reste.

On aurait de même :

$$(A : n) = (B : n) Q + (R : n)$$

Le quotient reste encore invariable, mais le reste est divisé par n.

37. — VI. *Pour diviser un nombre par un produit de plusieurs facteurs, on peut diviser le nombre par le 1er facteur, le quotient obtenu par le 2e facteur et ainsi de suite jusqu'à ce que tous les facteurs du produit aient été employés.*

Soit : $$N : (a \times b \times c)$$

Il y a 2 cas à distinguer :

1° Toutes les divisions se font exactement

$$N = a \times q_1$$
$$q_1 = b \times q_2$$
$$q_2 = c \times q_3$$

Le dernier quotient est q_3.

Multiplions ces égalités membre à membre :

$$N \times q_1 \times q_2 = a.b.c \times q_1 \times q_2 \times q_3$$
$$N = (a.b.c) \times q_3$$

Donc, si on divise le nombre par le produit $a.b.c$, on trouve q_3 comme par les divisions successives.

2° Les divisions ne se font pas exactement :

$$N = a \times q_1 + r_1 \qquad (1)$$
$$q_1 = b \times q_2 + r_2$$
$$q_2 = c \times q_3 + r_3$$

On trouve ainsi q_3 comme quotient, pour faire disparaître de ces égalités les quotients intermédiaires q_1, q_2, on multiplie la 2e égalité par a, la 3e par ab :

On obtient :

$$N = aq_1 + r_1$$
$$aq_1 = abq_2 + ar_2$$
$$abq_2 = abcq_3 + abr_3$$

Additionnons : $N = (abc)q_3 + r_1 + ar_2 + abr_3$ (2)

q_3 sera le quotient de la division de N par produit $(a.b.c)$ si l'égalité (2) traduit une division, c'est-à-dire si :

$$r_1 + a.r_2 + a.b.r_3 < abc$$

Or r_1, r_2, r_3 sont les restes des divisions (1), r_1, par exemple, est inférieur au diviseur a, il est au plus égal à $(a - 1)$, donc :

$$r_1 \leqq a - 1 \quad (3)$$
$$r_2 \leqq b - 1$$
$$r_3 \leqq c - 1$$

Multiplions la 2e inégalité par a et la 3e par ab.

$$r_1 \leqq a - 1$$
$$ar_2 \leqq ab - a$$
$$abr_3 \leqq abc - ab$$

Additionnons, $r_1 + ar_2 + abr_3 \leqq abc - 1$

$$r_1 + ar_2 + abr_3 < abc$$

Donc (2) représente une division où abc est le diviseur et q_3 le quotient, ce quotient est le même que celui obtenu par les divisions successives. c. q. f. d.

§ VI. — CHANGEMENT DE BASE DU SYSTÈME DE NUMÉRATION

38. — Nous distinguerons 3 cas :

1° Passer du système décimal à un système de base quelconque;

2° Passer d'un système de base quelconque au système décimal;

3° Passer d'un système quelconque à un autre système quelconque.

1er *cas*. — Soit le nombre 5.437 écrit dans le système décimal, on se propose de l'écrire dans le système dont la base serait 8. Dans ce système, 8 unités d'un ordre quelconque formeront une unité de l'ordre immédiatement supérieur. Le nombre renferme 5.437 unités simples, divisons-le par 8, nous obtiendrons le nombre d'unités du 2e ordre.

```
5.437 | 8
  63  |----
   77 | 679
    5
```

Le nombre 5.437 contient *679* unités du 2e *ordre* et 5 *unités* simples.

Divisons 679 par 8, nous aurons les unités du 3e ordre contenues dans le nombre :

679	8
39	84
7	

Les 679 unités du 2e ordre contiennent *84* uuités du 3e ordre + *7* unités du 2e.

de même :

84	8
4	10

84 unités du 3e ordre contiennent 10 unités du 4e ordre et 4 unités du 3e ordre.

On voit enfin que 10 unités du 4e ordre contiennent : 1 unité du 5e ordre et 2 du 4e ordre.

On obtient finalement : 1 unité du 5e ordre
2 — 4e —
4 — 3e —
7 — 2e —
5 — 1er —

D'après la convention faite sur l'écriture des nombres (no 7), le nombre 5.437, écrit dans le système dont la base est 8, est représenté par les chiffres : 1 2 4 7 5

Règle : On divise le nombre par la nouvelle base, le reste fournit les unités simples, le quotient donne les unités de l'ordre immédiatement supérieur, on le divise par la nouvelle base, le reste donne les unités du 2e ordre et le quotient celles du 3e, etc. On dispose le calcul de la façon suivante :

5437	8			
63	679	8		
77	39	84	8	
5	7	4	10	8
			2	1
1er ordre	2e	3e	4e	5e

Nombre : 12.475

Remarque. — Si la nouvelle base était supérieure à 10, 12, par exemple, il faudrait imaginer deux nouveaux caractères pour représenter 10 et 11, α et β, par exemple.

Ex.: Soit à écrire le nombre 1.581 dans le système duodécimal.

1581	12	
38	131	12
21	11	10
9		
1er ordre	2e	3e

le nombre se compose :

de (10) unités du 3e ordre
(11) — 2e —
(9) — 1er —

On l'écrira : α β 9

2e *cas.* — Soit le nombre 24.357 écrit dans le système dont la base est *9*, on se propose de l'écrire dans le système décimal. Le nombre d'unités simples contenues dans le nombre 14.357, est :

$$2 \times 9^4 + 4 \times 9^3 + 3 \times 9^2 + 5 \times 9 + 7$$

En effectuant ces calculs et en formant la somme, on aura le nombre écrit dans le système décimal; on peut écrire ces opérations :

$$\left[\left[[2 \times 9 + 4]\, 9 + 3\right] 9 + 5\right] 9 + 7$$

Règle. — On multiplie le 1er chiffre à gauche par la base 9, on ajoute le 2e chiffre, on multiplie la somme par 9, etc.

On dispose le calcul ainsi qu'il suit :

$$\begin{array}{r} 2 \\ \times\ 9 \\ \hline 18 \\ +\ 4 \\ \hline 22 \\ \times\ 9 \\ \hline 198 \\ +\ 3 \\ \hline 201 \\ \times\ 9 \\ \hline 1.809 \\ +\ 5 \\ \hline 1.814 \\ \times\ 9 \\ \hline 16.326 \\ +\ 7 \\ \hline 16.333 \end{array}$$

Le nombre écrit dans le système décimal est

16.333

3e *cas*. — Pour passer d'un système de base, 8 par exemple, au système duodécimal; on écrira d'abord le nombre dans le système décimal. Puis on passera du système décimal au système duodécimal en appliquant les règles déjà établies.

39. — Parmi les systèmes de numération les plus avantageux, on peut citer le système duodécicimal dont la base 12 admet plus de diviseurs que le nombre 10, base du système décimal, et le système binaire, dont la base est 2, et dans lequel les opérations sont très simples puisqu'on n'opère que sur les chiffres 1 ou 0. Ce dernier présente ce désavantage qu'il faut un grand nombre de caractères pour écrire les nombres un peu considérables. Prenons quelques exemples.

Soit l'addition :

	11.010	26
	1.011	11
	1.100	12
Total. . .	110.001	49

La somme des unités du 1er ordre étant 1, on l'écrit au total, la somme des unités du 2e ordre est 2, ce qui constitue une unité du 3e ordre, on écrit 0 dans la 2e colonne et on obtient 1 qu'on ajoute aux unités de la 3e colonne.

La somme des unités du 3e ordre est 2, on écrit 0 et on retient 1 qu'on ajoute aux unités du 4e ordre, cette somme est 4 ou 2 unités du 4e ordre, on écrira 0 au total de la 4e colonne. Pour les unités du 5e ordre, la somme sera alors 3 ou 1 unité du 5e ordre et une du 6e ordre. Ce qui fournit le total : 110.001.

Soit la soustraction :

	110.101	53
	10.111	23
Reste :	11.110	30

La soustraction des unités simples donne 0 pour reste, on écrit 0 sous les unités simples. La différence des unités du 2e ordre ne pouvant s'effectuer, on ajoute 1 unité du 3e ordre ou 2 du 2e au 1er nombre, le reste est alors 1, on ajoute 1 unité du 3e ordre au 2e nombre et on a comme 3e opération (1 — 2), soustraction impossible. On ajoute 2 unités du 3e ordre au nombre supérieur, la 3e opération devient (3 — 2) = 1. Pour rétablir la différence, il faut ajouter une unité du 4e ordre au nombre inférieur, etc.

Soit la multiplication :

101011	=	43
1101	=	13
101011		129
101011		43
101011		
1000101111	=	559

On dispose l'opération comme pour une multiplication ordinaire, on voit que les produits partiels s'écrivent très rapidement, il ne reste plus qu'à faire l'addition ainsi qu'il a été expliqué plus haut.

Soit enfin la division :

1101011	101	107	5
0010	10101	7	21
00111		2	
10			

On opère encore comme dans le système décimal (Nous avons écrit en face les opérations correspondantes dans le système décimal). On voit que les opérations, dans le sytème binaire, sont simples et rapides, le seul inconvénient est qu'il faut un grand nombre de chiffres pour représenter les nombres tant soit peu considérables.

40. Comme dernière application du changement de base d'un système de numération, nous pouvons citer la décomposition d'un nombre en tranches de 2 ou 3 chiffres, décomposition très employée dans la théorie de la divisibilité.

Soit le nombre :

12.435.429.358

On peut l'écrire en considérant 10 comme base.

1° $$1 \times 10^{10} + 2 \times 10^9 + 4 \times 10^8 + 3 \times 10^7 + 5 \times 10^6 + 4 \times 10^5 + 2 \times 10^4 + 9 \times 10^3 + 3 \times 10^2 + 5 \times 10 + 8$$

2° En considérant 100 comme base du système, ce nombre s'écrira :

$$1 \times (10^2)^5 + 24 \times (10^2)^4 + 35 \times (10^2)^3 + 42 \times (10^2)^2 + 93 \times 10^2 + 58$$

ou : $$1 \times 10^{10} + 24 \times 10^8 + 35 \times 10^6 + 42 \times 10^4 + 93 \times 10^2 + 58$$

3° En prenant 1.000 comme base, on aurait :

$$12 \times 1000^3 + 435 \times 1000^2 + 429 \times 1000 + 358$$

ou : $$12 \times 10^9 + 435 \times 10^6 + 429 \times 10^3 + 358$$

CHAPITRE III

I. — DIVISEURS

40. — *Définitions.* — Lorsque la *division* de deux nombres se fait *exactement*, le dividende est égal au produit du diviseur par le quotient.

On dit que le dividende est un *multiple* du diviseur et que le diviseur est un *sous-multiple* ou un *diviseur* du dividende. Donc, en général :

Les multiples d'un nombre sont les produits de ce nombre par un nombre entier quelconque.

Les diviseurs d'un nombre sont les nombres qui le divisent exactement.

Un nombre particulier admet un nombre illimité de multiples, mais il n'admet qu'un nombre limité de diviseurs ou de sous-multiples.

Le plus grand de ces diviseurs est le nombre lui-même et le plus petit est l'unité.

41. — Théorème. *Tout nombre qui divise exactement plusieurs autres nombres, divise leur somme.*

Soit le nombre 8, qui divise exactement les nombres 24, 32, 16, il divisera la somme $24 + 32 + 16$.

En effet :

$$\begin{array}{rcl} 24 & = & 8 + 8 + 8 \\ 32 & = & 8 + 8 + 8 + 8 \\ 16 & = & 8 + 8 \\ \hline \end{array}$$

Additionnons : $24 + 32 + 16 = 8 + 8 + 8.....$

On voit que cette somme est égale au nombre 8 répété 9 fois, c'est-à-dire à 8×9 ou à un multiple de 8.

42. — Remarque. *Lorsqu'un nombre divise une partie d'une somme et qu'il ne divise pas l'autre partie, il ne divise pas la somme.*

Soit la somme $24 + 19$

8 divise 24, mais ne divise pas 19, il ne divise pas la somme; en effet :

$$\begin{array}{rcl} 24 & = & 8 + 8 + 8 \\ 19 & = & 8 + 8 + 3 \\ \hline 24 + 19 & = & 8 \times 5 + 3 \end{array}$$

Or 3 est $<$ 8.

Donc, l'égalité précédente traduit une division dans laquelle $24 + 19$ est le dividende, 8 le diviseur, on voit que le reste est 3.

Donc $24 + 19$ n'est pas divisible par 8.

43. — Corollaire. *Tout nombre qui divise un autre nombre divise aussi ses multiples.*

Soit le nombre 8 qui divise 24, il divise aussi :

$$(24 \times 5) = 120$$

En effet :

$$24 \times 5 = 24 + 24 + 24 + 24 + 24 \quad (1)$$

D'après le théorème, le nombre 8, qui divise chacune des parties de la somme (1), divise cette somme.

44. — Théorème. *Tout nombre qui en divise 2 autres divise leur différence.*

Soit le nombre 8, qui divise 48 et 16, il divise la différence $(48 - 16)$.

En effet :

$$\begin{array}{rcl} 48 & = & 8+8+8+8+8+8 \\ 16 & = & 8+8 \\ \hline (48-16) & = & 8+8+8+8 \end{array}$$

Retranchons : $(48 - 16) = 8 + 8 + 8 + 8$

La différence se composera nécessairement d'un certain nombre de fois 8, soit $(6 - 2)$ fois 8, elle sera un multiple de 8.

45. — Remarque. *Un nombre qui divise une partie d'une somme sans diviser la somme, ne divise pas l'autre partie de la somme.*

Soit la somme $24 + 19$ non divisible par 8, nous supposons 24 divisible par 8, 19 n'est pas divible par 8.

En effet, $24 + 19$ n'étant pas divisible par 8, la division donne un reste R inférieur à 8:

$$\begin{array}{rcl} 24+19 & = & 8+8+\ldots\ldots R \\ 24 & = & 8+8+8 \\ \hline 19 & = & 8+8+R \\ 19 & = & 8 \times 2 + R \end{array}$$

Retranchons : $19 = 8 + 8 + R$

Cette égalité traduit une division dans laquelle 8 est le diviseur et R le reste, puisque R est $<$ 8, donc 19 non divisible par 8.

46. — COROLLAIRE. *Tout nombre qui divise une somme et l'une des parties de la somme, divise l'autre partie.*

Soit 8 qui divise la somme $(48 + 16)$ et le nombre 48, il divise aussi 16.

En effet, on peut écrire :

$$(48 + 16) - 48 = 16$$

D'après le théorème, 8 divise $(48 + 16)$ et 48, il divise leur différence 16.

47. — THÉORÈME. *Tout nombre qui en divise deux autres divise le reste de leur division.*

Soit la division : $$72 = 32 \times 2 + 8 \quad (1)$$

Le nombre 4, qui divise 72 et 32, divise 8, reste de leur division.

L'égalité (1) peut s'écrire :

$$72 - 32 \times 2 = 8$$

4 divise 32 par hypothèse, il divise son multiple (32×2), divisant les deux nombre 72 et (32×2); il divise leur différence 8.

48. — *Réciproquement. — Tout nombre qui divise le diviseur et le reste d'une division divise le dividende.*

Supposons que 4 divise le reste 8 et le diviseur 32 de la division (1), nous allons montrer qu'il divise le dividende 72.

En effet, 4 divise 32, donc il divise son multiple (32×2); divisant (32×2) et 8, il divise la somme $32 \times 2 + 8$, c'est-à-dire 72.

§ II. — DU PLUS GRAND COMMUN DIVISEUR DE DEUX NOMBRES

49. — *Définitions.* — Lorsqu'un nombre en divise deux autres, on dit qu'il est un *diviseur commun* à ces deux nombres.

Le plus grand nombre qui divise exactement deux autres nombres est leur *plus grand commun diviseur* (p. g. c. d.).

Si nous considérons, par exemple, les nombres 72 et 54, le premier admet pour diviseurs : 1, 2, 3, 4, 6, 8, 9, 12, 18, 24, 36, 72; le deuxième : 1, 2, 3, 6, 9, 18, 54.

On voit que plusieurs de ces diviseurs : 1, 2, 3, 6, 9, 18 sont communs aux deux nombres 18, le plus grand de ces diviseurs est le plus grand commun diviseur des deux nombres.

50. — *Recherche du plus grand commun diviseur de deux nombres.*

1° Soit les 2 nombres 1.620 et 540.

Leur plus grand commun diviseur ne peut surpasser le plus petit des deux nombres, mais il peut lui être égal. Examinons si 540 divise 1.620.

$$\begin{array}{r|l} 1620 & 540 \\ \hline 0 & 3 \end{array} \quad \text{ou } 1.620 = 540 \times 3$$

La division se faisant exactement, 540 est le plus grand commun diviseur des 2 nombres 1.620 et 540.

2° Soient les 2 nombres 1.250 et 350.

En raisonnant comme plus haut, on est conduit à diviser 1.250 par 350.

$$\begin{array}{r|l} 1250 & 350. \\ \hline 200 & 3 \end{array}$$

La division ne se fait pas exactement, 350 n'est pas le plus grand commun diviseur des 2 nombres proposés. Nous allons démontrer le théorème suivant :

51. — *Théorème. — Le plus grand commun diviseur de deux nombres est le même que le plus grand commun diviseur du plus petit des 2 nombres et du reste de leur division.*

En effet, soit *a* un diviseur commun à 1.250 et 350, ce nombre divise 200, reste de la division des 2 nombres (n° 47).

Réciproquement, tout nombre *b*, diviseur commun au diviseur 350 et au reste 200, divise le dividende 1.250 (n° 48).

Donc, si nous formons 2 tableaux : Le 1er, contenant tous les diviseurs communs au dividende et au diviseur; le 2e, contenant tous les diviseurs communs au diviseur et au reste; tout nombre contenu dans le 1er tableau se trouvera dans le 2e et réciproquement, tout nombre du 2e tableau se trouvera dans le 1er. Donc, ces 2 tableaux sont identiques, le plus grand nombre du 1er est aussi le plus grand nombre du 2e, c'est-à-dire : *Le plus grand commun diviseur du dividende et du diviseur est aussi le plus grand commun diviseur du diviseur et du reste.*

En conséquence. — Nous sommes conduits à rechercher le plus grand commun diviseur du diviseur et du reste, l'opération se trouve simplifiée puisque nous opérons sur les nombres plus simples : 350 et 200.

Le même raisonnement nous conduira à effectuer la division :

$$\begin{array}{r|l} 350 & 200 \\ \hline 150 & 1 \end{array}$$

Puis à rechercher le plus grand commun diviseur des nombres 200 et 150, d'où les divisions :

$$\begin{array}{r|l} 200 & 150 \\ \hline 50 & 1 \end{array} \quad \text{puis} \quad \begin{array}{r|l} 150 & 50 \\ \hline 0 & 3 \end{array}$$

Nous arrivons ainsi à trouver 50 comme plus grand commun diviseur des nombres 150 et 50 et par suite des nombres proposés. D'où la règle :

On divise le plus grand nombre par le plus petit, le plus petit nombre par le 1er reste et ainsi de suite jusqu'à ce qu'on arrive à une division se faisant exactement, le dernier diviseur employé est le plus grand commun diviseur cherché.

On donne à l'opération la disposition suivante :

	3	1	1	3
1250	350	200	150	50
200	150	50	0	

Remarques. — I. L'opération se termine toujours, puisqu'on opère sur des nombres entiers qui vont en décroissant; dans le cas le plus défavorable, on arrivera ainsi à employer, comme diviseur, le plus petit nombre entier, qui est 1, et cette division se fera exactement.

II. Lorsque le plus grand commun diviseur de 2 nombres est l'unité, on dit que les 2 nombres sont *premiers entre eux*. Les 2 nombres n'ont pas d'autre diviseur commun que l'unité.

52. — III. *On peut remplacer la suite des divisions indiquées dans la règle précédente par une autre série de divisions dans lesquelles le diviseur employé sera inférieur à la moitié du dividende correspondant.*

Soit une division : A le dividende, B le diviseur, Q le quotient et R le reste, par définition on a :

$$B.Q < A < B(Q+1)$$

Q est le quotient par défaut, Q + 1 est le quotient par excès, de sorte qu'on peut écrire :

$$(1) \qquad \begin{aligned} A &= BQ + R \\ A &= B(Q+1) - R' \end{aligned}$$

d'où l'on déduit :

$$\begin{aligned} BQ + R &= B(Q+1) - R' \\ BQ + R &= BQ + B - R' \\ R' &= B - R \end{aligned}$$

C'est-à-dire que *le reste correspondant au quotient par excès est égal à l'excès du diviseur sur le reste qui correspond au quotient par défaut.*

Si donc, R est plus grand que $\frac{B}{2}$, R' sera inférieur à $\frac{B}{2}$. Or, les égalités (1) montrent qu'on peut obtenir le plus grand commun diviseur des deux nombres A et B en déterminant le plus grand commun diviseur, soit des 2 nombres B et R, soit des 2 nombres B et R'. *Par conséquent, au lieu de diviser B par R, on pourra diviser B par R'.*

Ainsi, quand une division fournit un reste supérieur à la moitié du diviseur, on peut remplacer ce reste par R' ou (B — R) qui sera inférieur à la moitié du diviseur. Dans toutes les divisions effectuées, les restes seront alors inférieurs à la moitié du diviseur correspondant.

Par exemple, la suite des opérations effectuées pour trouver le plus grand commun diviseur des nombres, 1.250 et 350, qui était :

	3	1	1	3
1250	350	200	150	50
200	150	50	0	

sera remplacée par les opérations suivantes :

	3	2	3
1250	350	150	50
200	50	0	
150			

53. — Cette remarque permet de déterminer *une limite supérieure du nombre des divisions à faire dans la recherche du plus grand commun diviseur de deux nombres.*

Soient A, B, R_1, R_2 R_{n-1}, les 2 nombres et les restes des divisions successives *effectuées comme nous venons de le dire*, nous avons les inégalités :

$$R_1 < \frac{B}{2}$$

$$R_2 < \frac{R_1}{2}$$

$$R_3 < \frac{R_2}{2}$$

$$R_{n-1} < \frac{R_{n-2}}{2}$$

Ou, en multipliant ces inégalités membre à membre :

$$R_{n-1} < \frac{B}{2^{n-1}}$$

$$2^{n-1}R_{n-1} < B$$

Or, R_{n-1} est au moins égal à 1; donc, *a fortiori*

$$2^{n-1} < B$$

Le nombre des divisions est n, *il ne peut donc surpasser de plus d'une unité l'exposant de la plus haute puissance de 2 contenue dans B.*

Soit, en effet, q l'exposant de la plus haute puissance de 2 contenue dans B.

$$2^q \leq B < 2^{q+1}$$

donc

$$2^{n-1} \leq 2^q$$

$$n - 1 \leq q$$

$$n \leq q + 1$$

c. q. f. d.

54. — Des divisions qu'il faut faire pour déterminer le plus grand commun diviseur de deux nombres, on peut déduire certaines propriétés de ce plus grand commun diviseur.

Nous désignerons par A, B, R_1, R_2, R_{n-1}, les deux nombres et les restes des divisions successives.

I. *Lorsqu'on multiplie ou lorsqu'on divise deux nombres par un troisième, leur plus grand commun diviseur est multiplié ou divisé par ce troisième nombre.*

Supposons qu'on multiplie les 2 nombres A et B par p, le reste R_1, de leur division, sera multiplié par p; les termes de la division suivante seront alors $B \times p$ et $R_1 \times p$, le reste de cette nouvelle division sera $R_2 \times p$. Ainsi, tous les restes seront multipliés par p et le plus grand commun diviseur, qui est le dernier reste, sera aussi multiplié par p.

II. *Lorsque deux nombres sont divisibles par un 3°, leur plus grand commun diviseur est divisible par ce troisième nombre.*

En effet, tout nombre, p, qui divise deux nombres, A et B, divise le reste de leur division, R_1 (n° 47) divisant B et R_1, il divise R_2 et ainsi de suite, divisant tous les restes successifs, il divisera le dernier reste R_{n-1} qui est le plus grand commun diviseur des deux nombres.

III. *Lorsqu'on divise deux nombres par leur plus grand commun diviseur, les quotients obtenus sont premiers entre eux.*

Nous avons vu (proposition I) que, lorsqu'on divise deux nombres par un troisième, leur plus grand commun diviseur est divisé par ce troisième nombre; si donc, on divise deux nombres par leur plus grand commun diviseur, ce plus grand commun diviseur se trouve divisé par lui-même et fournit comme quotient l'unité. Les deux nombres, divisés respectivement par leur plus grand commun diviseur, ont alors pour plus grand commun diviseur l'unité. Donc, les quotients obtenus sont premiers entre eux.

IV. *La réciproque est vraie. Si, ayant divisé deux nombres A et B par c, les quotients obtenus sont premiers entre eux, on peut conclure que C est le plus grand commun diviseur des deux nombres.*

Supposons que : $A = A' \times c$
$B = B' \times c$

	A' et B'	ont pour plus grand commun diviseur		1
	$A' \times c$ — $B' \times c$	—	—	$1 \times c$
ou	A — B	—	—	c

V. *Tout nombre qui divise le plus grand commun diviseur de 2 nombres divise ces nombres.*

En effet, ces nombres sont des multiples de leur plus grand commun diviseur. Or, tout nombre qui en divise un autre divise aussi ses multiples (nº 43).

55. — *Théorème important. — Tout nombre qui divise un produit de deux facteurs, et qui est premier avec l'un deux, divise l'autre facteur*

Soit le nombre C qui divise le produit de $A \times B$, supposons C premier avec A, nous allons montrer que C divise B.

A et C	ont pour plus grand commun diviseur		1
$A \times B$ et $C \times B$	—	—	$1 \times B$ ou B

C, par hypothèse, divise le produit $A \times B$, il divise aussi $C \times B$ qui est un multiple de C; C, divisant les deux nombres $A \times B$ et $C \times B$, divise leur plus grand commun diviseur B.

Corollaire. — Lorsqu'un nombre est divisible séparément par plusieurs nombres premiers entre eux deux à deux, il est divisible par leur produit.

Soit A, divisible séparément par B, C, D, premiers entre eux deux à deux; A est divisible par le produit $B \times C \times D$. En effet, B divisant A, on a :

(1) $$A = B \times Q_1$$

C divise A, donc il divise le produit $B \times Q_1$, mais il est premier avec B, il doit diviser Q_1, donc :

(2) $$Q_1 = C \times Q_2$$

De même D divise A, donc il divise le produit $B \times Q_1$; étant premier avec B, il doit diviser Q_1 et par suite le produit $C \times Q_2$. Mais D est premier avec C, donc il doit diviser Q_2, par suite :

(3) $$Q_2 = D \times Q_3$$

Multiplions membre à membre les égalités (1), (2), (3), il vient :

$$A \times Q_1 \times Q_2 = B \times Q_1 \times C \times Q_2 \times D \times Q_3$$

ou $$A = B \times C \times D \times Q_3$$

c'est-à-dire : A est divisible par le produit $B \times C \times D$.

Remarque. — Il est nécessaire de distinguer les nombres *premiers entre eux*, et les nombres *premiers entre eux deux à deux*. Quand des nombres sont premiers entre eux, leur plus grand commun diviseur est l'unité.

Lorsque des nombres sont premiers entre eux deux à deux, ils sont aussi premiers entre eux.

La proposition contraire n'est pas vraie. Ainsi, les nombres 12, 15, 20 *associés deux à deux* ne sont pas premiers entre eux. Cependant, les trois nombres sont premiers entre eux. Leur plus grand commun diviseur étant, en effet, l'unité.

§ III. — RECHERCHE DU PLUS GRAND COMMUN DIVISEUR DE PLUS DE DEUX NOMBRES

56. — Soient les nombres :

(1) A, B, C, E..... L

Formons une 2e suite composée du plus grand commun diviseur D des 2 nombres A et B, suivi des autres nombres C, E..... L

(2) D, C, E..... L

Nous allons montrer que les deux suites de nombres (1) et (2) ont le même plus grand commun diviseur.

1° *Tout nombre qui divise les nombres de la suite* (1) *divise aussi les nombres de la suite* (2).

Soit α un diviseur commun à tous les nombres (1); en particulier, α divise A et B, donc il divise leur plus grand commun diviseur D. Comme, d'ailleurs, α divise C, E..... L, il divise D, C, E..... L, c'est-à-dire tous les nombres (2).

2° *Réciproquement.* — *Tout nombre qui divise les nombres de la suite* (2) *divise tous les nombres de la suite* (1).

Soit β un diviseur commun aux nombres (2); en particulier, β divise D, donc il divise ses multiples A et B. Or, par hypothèse, β divise aussi C, E..... L, donc il divisera A, B, C, E..... L, c'est-à-dire tous les nombres (1).

3° *Conséquence.* — *Les suites* (1) *et* (2) *ont le même plus grand commun diviseur.*

Si nous formons deux tableaux : L'un, contenant tous les diviseurs communs aux nombres (1); l'autre, contenant tous les diviseurs communs aux nombres (2). D'après ce qui précède, tout nombre du 1er tableau se trouve dans le 2e, et réciproquement. Les deux tableaux sont donc identiques. Le plus grand nombre du 1er tableau est aussi le plus grand nombre du 2e. C'est-à-dire que le plus grand commun diviseur des nombres (1) est aussi le plus grand commun diviseur des nombres (2).

Remarques. — I. *On a ainsi simplifié la recherche,* car la suite (2) contient un nombre de moins que la suite (1).

II. Pour continuer, on formera une 3e suite, composée du plus grand commun diviseur, D′ des nombres D, C, suivi des autres nombres, soit :

(3) $$D', E \ldots\ldots L$$

On continuera de la même façon, jusqu'à ce qu'on arrive à une suite composée seulement de deux nombres. Leur plus grand commun diviseur sera le plus grand commun diviseur de tous les nombres (1).

Règle. — On détermine le plus grand commun diviseur de deux des nombres, soit D, puis le plus grand commun diviseur de D et du 3e nombre, et ainsi de suite jusqu'à ce qu'on n'ait plus que deux nombres. Le dernier plus grand commun diviseur trouvé est le plus grand commun diviseur des nombres proposés.

III. Le théorème suivant peut fournir une *nouvelle méthode* pour la recherche du plus grand commun diviseur de plus de deux nombres.

57. — *Théorème.* — *Le plus grand commun diviseur de plusieurs nombres est le même que le plus grand commun diviseur du plus petit d'entre eux et des restes non nuls de la division de chaque nombre par le plus petit.*

Soient les nombres :

(1) $$A, B, C, E \ldots\ldots L$$

A étant le plus petit de ces nombres, considérons les divisions :

$$B = A.Q_1 + R_1$$
$$C = A.Q_2 + R_2$$
$$E = A.Q_3 + R_3$$
$$L = A.Q_n + R_n$$

Formons la nouvelle suite :

(2) $$A, R_1 R_2 \ldots\ldots R_n$$

Nous allons montrer que les suites de nombres (1) et (2) ont le même plus grand commun diviseur.

1° *Tout nombre qui divise les nombres* (1) *divise les nombres* (2).

Soit α un diviseur commun à tous les nombres (1). En particulier, α divise A et B, donc il divise le reste de leur division, R_1; on verrait de même qu'il divise R_2..... R_n.

2° *Réciproquement. — Tout nombre qui divise les nombres* (2) *divise tous les nombres* (1).

Soit β un diviseur commun à tous les nombres (2). β divise, par exemple, A et R_2, considérons la division qui a fourni R_2 :

$$C = A \cdot Q_2 + R_2$$

β divisant le diviseur A et le reste R_2 divise le dividende C. On verrait de la même façon que β divise tous les autres nombres de la suite (1).

3° *Conséquence. — Le plus grand commun diviseur des deux suites* (1) *et* (2) *est le même* (même raisonnement que dans la 1re méthode).

Remarques. — I. La recherche du plus grand commun diviseur est simplifiée quand on remplace la suite (1) par la suite (2), puisque R_1, R_2..... R_n étant des restes, ces nombres sont moindres que ceux de la suite (1), de plus, quelques-uns de ces restes peuvent être nuls.

II. Pour continuer la recherche, on formera une 3e suite de nombres composée du plus petit des nombres de la suite (2) et des restes de la division de chacun des nombres de la suite (2) par ce plus petit nombre.

On continuera de la même façon jusqu'à ce qu'on arrive à une suite ne contenant plus que deux nombres. Leur plus grand commun diviseur sera le plus grand commun diviseur cherché.

58. — *Problèmes.* — I. *Deux nombres, A et B, ont pour plus grand commun diviseur D. Quel est le plus grand commun diviseur de leur somme A + B et de leur différence A — B?*

Divisons les deux nombres par leur plus grand commun diviseur.

$$A = D \times Q_1$$
$$B = D \times Q_2$$

Q_1 et Q_2 sont 2 nombres premiers entre eux (n° 54 *ter*).

$$A + B = D(Q_1 + Q_2)$$
$$A - B = D(Q_1 - Q_2)$$

Nous voyons déjà que A + B et A — B admettent le diviseur D; cherchons le plus grand commun diviseur des deux nombres $(Q_1 + Q_2)$ et $(Q_1 - Q_2)$. Tout diviseur α commun à ces 2 nombres doit diviser leur somme et leur différence.

Or :
$$Q_1 + Q_2 + Q_1 - Q_2 = 2Q_1$$
$$Q_1 + Q_2 - (Q_1 - Q_2) = 2Q_2$$

Q_1 et Q_2 étant premiers entre eux, le seul diviseur qui puisse être commun à $Q_1 + Q_2$ et à $Q_1 - Q_2$ est donc 2. Encore faudra-t-il que les nombres Q_1 et Q_2 soient de même parité. Ils ne peuvent être pairs tous deux, ils devront donc être tous deux impairs.

Ainsi, $A + B$ et $A - B$ admettront pour plus grand commun diviseur 2D, si Q_1 et Q_2 sont tous deux impairs; sinon, leur plus grand commun diviseur sera D, c'est-à-dire le même que celui des deux nombres A et B.

II. *Soient trois nombres quelconques, A, B, C. On détermine le plus grand commun diviseur D des nombres A et B; puis, le plus grand commun diviseur D' des nombres B et C; et enfin, le plus grand commun diviseur D'' des nombres D et D'. Démontrer que D'' est le plus grand commun diviseur des nombres A, B, C.*

Considérons les deux suites de nombres :

(1) A, B, C

(2) D, D'

1° *Tout diviseur des nombres A, B, C est un diviseur des nombres D, D'.*

En effet, soit α un diviseur des nombres (1), en particulier, α divise A et B et, par suite, il divise leur plus grand commun diviseur D. De même, α divise B et C et aussi leur plus grand commun diviseur D'. Donc, α divise les deux nombres D et D'.

2° *Réciproquement. — Tout diviseur des nombres D et D' est un diviseur des nombres A, B, C.*

Soit β un diviseur des nombres (2); β, divisant D, divise A et B multiples de D; de même β, divisant D', divise aussi B et C, multiples de D'. Ainsi β divise chacun des nombres A, B, C.

3° *Conséquence.* — Les nombres (1) et (2) admettent les mêmes diviseurs communs. Donc le plus grand commun diviseur des nombres (1) est aussi le plus grand commun diviseur des nombres (2). C. q. f. d.

Remarque. — Les propriétés établies (n° 54 et suivants) pour le plus commun diviseur de 2 nombres s'étendent au plus grand commun diviseurs de plusieurs nombres.

§ IV. — MULTIPLES

59. — Nous avons vu qu'un nombre avait une infinité *de multiples* obtenus en multipliant ce nombre par les nombres entiers successifs. Ainsi, les multiples de a sont les nombres :

$$a,\ 2a,\ 3a\ldots..\ n.a$$

Un nombre est *multiple commun* de deux nombres quand il est multiple de chacun d'eux. Soient les nombres 12 et 18, formons leurs multiples successifs :

12 24 *36* 48 60 *72* 84 96 *108*.....
18 *36* 54 *72* 90 *108*.....

On voit que parmi ces multiples, plusieurs, tels que 36, 72, 108 sont multiples communs des deux nombres. *Le plus petit d'entre eux est leur plus petit multiple commun (p. p. m. c.).*

60. — *Théorème. — Le plus petit multiple commun de deux nombres est égal au produit des deux nombres divisé par leur plus grand commun diviseur.*

Soient A, B, deux nombres, D leur plus grand commun diviseur, m leur plus petit multiple commun.

$$m = \frac{A \times B}{D}$$

1° Désignons par M un multiple quelconque des deux nombres A et B, dans cette hypothèse :

$$(1) \qquad \begin{aligned} M &= A \times H \\ M &= B \times K \end{aligned}$$

D'autre part, D étant le plus grand commun diviseur des nombres A et B.

$$(2) \qquad \begin{aligned} A &= D \times Q_1 \\ B &= D \times Q_2 \end{aligned}$$

Q_1 et Q_2 sont premiers entre eux. Or, d'après les égalités (1) :

$$A \times H = B \times K$$

ou, en remplaçant A et B par leur valeur (2) :

$$D \times Q_1 \times H = D \times Q_2 \times K$$

$$(3) \qquad Q_1 \times H = Q_2 \times K$$

Q_2 divise le 2e membre de (3), il divise donc le 1er membre; étant premier avec Q_1, il divise H, on peut écrire :

$$H = Q_2 \times L$$

M prend alors la forme :

$$M = D \times Q_1 \times Q_2 \times L$$

Donc, tout multiple des deux nombres A et B est multiple du produit $D \times Q_1 \times Q_2$.

2° *Réciproquement. — Tout multiple du produit $(D \times Q_1 \times Q_2)$ est multiple des deux nombres A et B.*

Soit en effet $(D \times Q_1 \times Q_2)\,L'$ un multiple du produit $D \times Q_1 \times Q_2$, on peut écrire ce multiple :

$$(D \times Q_1)\,Q_2L' \quad \text{ou} \quad A \times Q_2L'$$

c'est donc un multiple de A.

On peut aussi écrire ce même multiple :

$$(DQ_2)Q_1L' \quad \text{ou} \quad B.Q_1L'$$

c'est donc aussi un multiple de B.

3° *Conséquence.* — Tous les multiples des nombres A et B étant multiples du produit $(D.Q_1Q_2)$; et réciproquement, tout multiple de ce produit étant multiple de A et de B, on peut conclure que les nombres, A et B d'une part, le nombre $D.Q_1Q_2$ d'autre part, ont les mêmes multiples. Donc : *Le plus petit multiple commun de A et de B est le petit multiple du produit $D.Q_1Q_2$.* Or, le plus petit multiple de ce produit est ce produit lui-même.

Donc, enfin, le plus petit multiple commun des nombres A et B est le nombre :

$$D.Q_1Q_2$$

On peut l'écrire :

$$\frac{D \times Q_1 \times D \times Q_2}{D} = \frac{A \times B}{D}$$

Remarque. — Tout multiple de deux nombres est aussi un multiple de leur plus petit multiple.

Nous venons de voir, en effet, que tout multiple M des deux nombres A et B était un multiple du produit $D \times Q_1 \times Q_2$, qui est précisément le plus petit multiple commun des 2 nombres A et B.

§ V. — PLUS PETIT MULTIPLE COMMUN DE PLUSIEURS NOMBRES

61. — Soient plusieurs nombres A, B, C..... L dont nous nous proposons de déterminer le plus petit multiple commun. Nous allons établir qu'on peut remplacer la suite

(1) A B C..... L

par une autre suite formée du plus petit multiple commun des deux premiers nombres A et B, suivi des autres nombres. Soit m le plus petit multiple commun des 2 nombres A et B, cette nouvelle suite serait :

(2) m, C..... L

1° *Tout multiple des nombres* (1) *est un multiple des nombres* (2).

Soit M l'un des multiples des nombres (1); c'est, en particulier, un multiple des nombres A et B et, par suite, un multiple de leur plus petit multiple commun m; d'ailleurs, M est aussi multiple des nombres C...L, c'est donc un multiple de tous les nombres (2).

2° *Réciproquement.* — *Tout multiple des nombres* (2) *est un multiple des nombres* (1).

Soit M′ un multiple des nombres (2), c'est un multiple de m, donc, c'est aussi un multiple des nombres A et B. Du reste, M′ est aussi multiple des nombres C..... L, c'est donc un multiple de tous les nombres (1).

3° *Conséquence.* — Tout multiple des nombres (1) étant multiple des nombres (2) et réciproquement, il s'en suit que les deux suites de nombres (1) et (2) ont les mêmes multiples communs. Le plus petit multiple commun des nombres (1) sera donc le même que le plus petit multiple commun des nombres (2).

Remarques. — I. La recherche du plus petit multiple commun des nombres (1) se trouve simplifiée quand on les remplace par les nombres (2), puisque la suite (2) contient un nombre de moins que la suite (1).

II. Pour continuer la recherche, on formera une troisième suite de nombres composée du plus petit multiple commun, m', des nombres m et C, suivi de tous les autres membres, ce sera la suite :

(3) m'..... L

et on continuera de la même façon jusqu'à ce qu'on arrive à une suite ne contenant plus que deux nombres, leur plus petit multiple commun sera le plus petit multiple commun des nombres :

A, B, C..... L

Règle. — On détermine le plus petit multiple commun de deux des nombres, soit m, puis le plus petit multiple commun de m et du 3e nombre, et ainsi de suite jusqu'à ce qu'il n'y ait plus que 2 nombres, leur plus petit multiple commun est le nombre cherché.

62. — *Théorème.* — *Tout multiple de plusieurs nombres est un multiple de leur plus petit multiple commun.*

Soit M un multiple des nombres A, B, C..... L dont le plus petit multiple commun est m. Divisons M par m, soit R le reste de la division

$$M = m \times Q + R$$

A divisant M et m doit diviser le reste R de leur division, de même B, C..... L divisent tous le nombre R. Ainsi, R est un multiple des nombres A, B, C..... L. Or, R, reste d'une division, est plus petit que le diviseur m. Il y aurait donc un multiple des nombres A, B, C..... L inférieur à leur plus petit multiple commun. C'est impossible, donc R doit être nul et M est un multiple de m.

63. — *Problème. — On donne trois nombres A, B, C, on prend le plus petit multiple commun des nombres A et B, soit* m, *puis celui des nombres B et C, soit* m', *et enfin, celui des nombres* m *et* m', m'. *Démontrer que* m' *est le plus petit multiple commun des nombres A, B, C.*

Nous emploierons la méthode déjà exposée à plusieurs reprises. Considérons les 2 suites de nombres :

(1) A, B, C

(2) m, m'

1° *Tout multiple des nombres A, B, C est un multiple des nombres* m *et* m'.

En effet, tout multiple des nombres (1) est un multiple de A et de B, c'est donc un multiple de leur plus petit multiple commun m; de même, c'est un multiple des nombres B et C, donc c'est un multiple de leur plus petit multiple commun m'.

2° *Réciproquement. — Tout multiple des nombres* (2) *est un multiple des nombres* (1).

Soit M un multiple des nombres (2), M étant un multiple de m sera un multiple des nombres A et B; de même M, étant multiple de m', sera un multiple des nombres B et C, ce sera donc un multiple des nombres (1).

3° *Conséquence.* — Les suites (1) et (2), ayant tous leurs multiples communs, ont aussi le même plus petit multiple commun. Donc m', plus petit multiple commun de m et de m' est le plus petit multiple commun des 3 nombres A, B, C.

Problème. — Etant donnée la suite des nombres :

(1) *A, 2A, 3A..... B.A*

Démontrer que le nombre des multiples de B contenus dans cette suite est le plus grand commun diviseur des deux nombres A et B.

Soit pA, un multiple de B contenu dans la suite (1) ; et soit D le plus grand commun diviseur des deux nombres A et B. On a :

$$p.A = B \times q \quad (2)$$

D'ailleurs :

$$(3) \quad \begin{aligned} A &= D \times Q_1 \\ B &= D \times Q_2 \end{aligned}$$

Q_1 et Q_2 étant des nombres premiers entre eux.
Remplaçons A et B par ces valeurs dans (2) :

$$p.D.Q_1 = D.Q_2 \times q$$
$$p \times Q_1 = Q_2 \times q$$

Q_2 divise le 2e membre de cette égalité, il doit diviser le 1er membre $p \times Q_1$; mais Q_2 est premier avec Q_1, il doit diviser p. Ainsi p est un multiple de Q_2. Il suffit donc de rechercher le *nombre des multiples de Q_2 contenus dans la suite :*

$$1, 2, 3 \ldots\ldots B$$

ou

$$1, 2, 3 \ldots\ldots (D.Q_2)$$

Ce nombre est évidemment D. (c.q.f.d.)

CHAPITRE IV

Des nombres premiers

§ 1er. — DÉFINITION ET PROPRIÉTÉS FONDAMENTALES

64. — On appelle *nombre premier* tout nombre qui n'est divisible que par lui-même ou par l'unité.

On reconnaît qu'un nombre est premier quand, le divisant par tous les nombres qui lui sont inférieurs, aucune des divisions ne se fait exactement.

Ainsi, 11 n'admet aucun diviseur plus petit que lui; 11 est un nombre premier.

65. — *Théorème. — Tout nombre non premier admet au moins un diviseur premier.*

Soit un nombre N qui n'est pas premier, il admet un nombre limité de diviseurs dont le plus petit est 1 et dont le plus grand est le nombre lui-même. Ecrivons ces diviseurs par ordre de grandeur,

$$1, a, b, c\ldots\ldots N$$

Le diviseur a est nécessairement premier. S'il ne l'était pas, il admettrait un diviseur $\alpha < a$ et différent de l'unité; α, divisant a, diviserait aussi N, qui est multiple de a; donc N aurait un diviseur différent de l'unité et inférieur à a, ce qui est contraire à l'hypothèse.

66. — *Corollaire. — Tout nombre non premier peut être décomposé en un produit de facteurs tous premiers.*

Soit le nombre N qui n'est pas premier, il admet un facteur premier, soit a, de sorte que :

$$N = a \times Q_1 \qquad (1)$$

Si Q_1 est premier, le théorème est démontré, N est le produit de deux facteurs premiers; si Q_1 n'est pas premier, il admet un facteur premier b, par exemple, et on peut écrire :

$$Q_1 = b \times Q_2 \qquad (2)$$

De même si Q_2 n'est pas premier, on aura :

(3) $$Q_2 = c \times Q_3$$

c étant un nombre premier, supposons aussi que Q_3 soit premier, et multiplions les 3 égalités membre à membre, il vient :

$$N = a \times b \times c \times Q_3$$

N est décomposé ainsi en un produit de facteurs tous premiers.

67. — *Théorème. — Tout nombre premier qui ne divise pas un nombre quelconque est premier avec ce nombre.*

Soit le nombre premier p qui ne divise pas le nombre N. Le nombre p admet comme diviseurs les seuls nombres 1 et p, donc les seuls diviseurs qui peuvent être communs à N et à p sont les nombres 1 et p; or, d'après l'hypothèse, p ne divise pas N; par conséquent, le seul diviseur commun à N et à p est l'unité. N et p sont donc premiers entre eux.

68. — *Théorème. — Tout nombre premier, qui divise un produit de plusieurs facteurs, divise l'un de ces facteurs.*

Soit le nombre premier p qui divise le produit $a \times b \times c \times d$. On peut considérer ce produit comme étant composé de deux facteurs :

$$a \times b \times c \times d = a \times (b \times c \times d)$$

Si p divise le facteur a, le théorème est démontré; sinon, p est premier avec a, mais alors il doit diviser le produit $(b \times c \times d)$, car :

Tout nombre p *qui divise un produit de deux facteurs et qui est premier avec l'un divise l'autre.*

Le produit $(b \times c \times d)$ peut aussi être considéré comme composé de 2 facteurs.

$$(b \times c \times d) = b\,(c \times d)$$

En répétant le raisonnement précédent, on verra que p divise, soit le facteur b, soit le facteur $(c \times d)$ ou, enfin, qu'il divise l'un des deux facteurs c ou d.

69. — *Corollaires. —* I. *Tout nombre premier qui divise un produit de facteurs premiers est égal à l'un de ces facteurs.*

Nous venons de voir que tout nombre premier p, qui divise un produit de facteurs quelconques $(a \times b \times c \times d)$, divise l'un de ces facteurs, d, par exemple; mais si d est un nombre premier, il n'est divisible que par lui-emêm ou par l'unité; donc : $p = d$.

II. *Tout nombre premier qui divise une puissance d'un nombre divise ce nombre.*

Soit le nombre premier p qui divise a^α

$$a^\alpha = a \times a \times a \ldots\ldots \times a$$

p doit diviser l'un des facteurs de ce produit, p divise a.

Remarque. — Lorsque deux nombres ne sont pas premiers entre eux, ils admettent un diviseur premier commun.

Soient les nombres A et B non premiers entre eux, soit D leur plus grand commun diviseur; D admet un diviseur premier p. Ce nombre p, divisant D, divise ses multiples A et B.

III. *Lorsque deux nombres sont premiers entre eux, leurs puissances quelconques sont premières entre elles.*

Soient les nombres a et b premiers entre eux; a^α, b^β sont aussi des nombres premiers entre eux. En effet, si a^α et b^β n'étaient pas premiers entre eux, ces nombres admettraient un diviseur premier commun p. Le nombre premier p divisant a^α, diviserait a; de même, p, divisant b^β, diviserait b. Les nombres a et b auraient un diviseur commun p et ne seraient pas premiers entre eux, ce qui est contraire à l'hypothèse.

IV. *Tout nombre premier avec les différents facteurs d'un produit est premier avec le produit.*

Soit le nombre N premier respectivement avec les nombres $a, b, c \ldots\ldots l$; N est premier avec le produit : $(a \times b \times c \ldots\ldots \times l)$. En effet, si N et $(a \times b \times c \ldots\ldots \times l)$ n'étaient pas premiers entre eux, ils admettraient un diviseur premier commun, soit p ce diviseur. Le nombre premier p divisant le produit $(a \times b \times c \ldots\ldots \times l)$ diviserait l'un des facteurs; p ne serait pas premier avec tous les facteurs $a, b, c \ldots\ldots l$.

Réciproquement. — Tout nombre premier avec un produit de facteurs est premier avec chacun des facteurs du produit.

Soit N premier avec le produit $(a \times b \times c \ldots\ldots l)$, N est premier avec chacun des facteurs, avec a par exemple. Si N et a n'étaient pas premiers entre eux, ils admettraient un diviseur commun, soit α. Le nombre α divisant a diviserait le produit $(a \times b \times c \ldots\ldots \times l)$, comme il divise aussi N, les nombres N et $(a \times b \times c \ldots\ldots \times l)$ ne seraient pas premiers entre eux.

§ II. RECHERCHE DES NOMBRES PREMIERS

70. — *Théorème. — La suite des nombres premiers est illimitée.*

Soit 1, 2, 3, 5..... N, la suite des nombres premiers depuis 1 jusqu'à N;

il existe des nombres premiers supérieurs à N. Considérons, en effet, le produit :

$$P = 1 \times 2 \times 3 \times 5 ..... \times N$$

Ajoutons l'unité à ce produit P et considérons le nombre :

$$S = P + 1$$

Deux hypothèses se présentent :

1° S est un nombre premier et le théorème se trouve établi;

2° Le nombre S n'est pas premier, il admet alors un diviseur premier q. Le nombre premier q ne saurait être contenu dans la suite :

$$1, 2, 3, 5 ..... N$$

Car, tout nombre de cette suite, 5, par exemple, divise le produit P, puisque c'est un des facteurs de P, mais il ne divise pas 1; donc, il ne peut diviser la somme S des deux nombres P et 1.

On voit donc, dans les deux cas, qu'il existe des nombres premiers différents de ceux qui sont contenus dans la suite 1, 2, 3..... N; ces nombres premiers sont supérieurs à N.

Remarque. — Il n'existe pas de formule comprenant tous les nombres premiers. On a dû se contenter de tables renfermant tous les nombres premiers depuis 1 jusqu'à une limite quelconque, 1.000 par exemple.

71. — *Construction d'une table de nombres premiers.*

Soit à déterminer tous les nombres premiers inférieurs à 1.000. On écrit la suite naturelle des nombres entiers depuis 1 jusqu'à 1.000, soit :

(1) $$1, 2, 3, 4, 5, 6, 7, 8 ..... 1.000$$

2 est un nombre premier puisqu'il n'est divisible que par lui-même et par l'unité; on conserve 2. A partir de 2, et de 2 en 2 rangs, on barre tous les nombres, car ce sont des multiples de 2. En effet, de 2 en 2 rangs, les nombres diffèrent de 2 unités, les nombres en question sont les suivants :

$$2 + 2 .... 2 \times 2$$
$$2 + 2 + 2 .... 2 \times 3$$
$$2 + 2 + 2 + 2 ..... 2 \times 4$$

et, en général : $$2 + K.2 .... 2(K + 1)$$

Ce sont donc tous des multiples de 2.

Le premier nombre conservé après 2 est 3.

C'est un nombre premier puisqu'il n'est pas divisible par 2, le seul nombre premier qui lui est inférieur. On conserve ce nombre 3. A partir de 3, et de 3 en 3 rangs, on barre tous les nombres comme étant des multiples de 3.

En effet, de 3 rangs en 3 rangs, les nombres diffèrent de 3 unités, ce sont les nombres :

$3 + 3$.................. 3×2
$3 + 3 + 3$.......... 3×3
$3 + 3 + 3 + 3$..... 3×4
et, en général : $3 + K.3$............. $3(K + 1)$

Ce sont donc tous des multiples de 3.

Le premier nombre conservé, après 2 et 3, est le nombre 5. C'est un nombre premier, puisqu'il n'est divisible par aucun des deux nombres 2 et 3 qui sont les seuls nombres premiers inférieurs à lui. On conserve 5, puis, à partir de ce nombre, et, de 5 en 5 rangs, on barre tous les nombres comme étant des multiples 5. Ces nombres diffèrent, en effet, de 5 unités, ce sont les nombres :

$5 + 5$.................. 5×2
$5 + 5 + 5$.......... 5×3
$5 + 5 + 5 + 5$..... 5×4
et, en général : $5 + K.5$............. $5(K + 1)$

Le premier nombre conservé après 5 est le nombre 7. C'est un nombre premier puisqu'il n'est divisible par aucun des nombres premiers 2, 3, 5, qui lui sont inférieurs. On conserve 7 et on barre, à partir de 7, tous les nombres de 7 en 7 rangs.

En général, quand on a effacé tous les multiples du nombre premier p, le premier nombre q, qui suit p, et qui n'est pas effacé est premier, puisqu'il n'est divisible par aucun des nombres premiers 1, 2, 3, 5..... p, qui sont les seuls nombres premier sinférieurs à q. On conserve q et on barre les nombres de q en q rangs.

En poursuivant ainsi cette opération d'une manière uniforme, on arrivera à supprimer dans la suite (1) tous les nombres qui ne sont pas premiers.

Cette méthode est connue sous le nom de *crible d'Eratosthène*.

On peut simplifier la recherche par la remarque suivante :

72. — *Remarque.* — *Lorsqu'on a supprimé, dans la suite* (1), *tous les multiples des nombres premiers inférieurs au nombre premier* p; *le plus petit nombre non premier contenu dans la suite* (1) *est le nombre* p^2.

Supposons, en effet, qu'il reste dans la table un nombre non premier N, inférieur à p^2. N admettrait un diviseur premier a et l'on aurait :

$$N = a \times b$$

2 cas se présentent :

1° $$a < p$$

N serait multiple d'un nombre premier a inférieur à p, et aurait été supprimé.

2° $$a > p$$

puisque N est supposé inférieur à p^2, le produit des 2 facteurs a et b est inférieur à p^2.

a étant plus grand que p, b serait nécessairement plus petit que p. Si b est premier, N serait multiple d'un nombre premier inférieur à p. Si b n'est pas premier, il admet un diviseur premier plus petit que b et *à fortiori*, plus petit que p. N, multiple de b, serait multiple de ce diviseur. Ainsi, dans tous les cas, N serait multiple d'un nombre premier inférieur à p et aurait été supprimé.

De plus, p^2 se trouve dans la table. En effet, s'il avait été barré, c'est que p^2 serait multiple d'un nombre premier inférieur à p. Or,

$$p^2 = p \times p$$

Tout nombre premier α qui divise p^2 doit être égal à l'un des facteurs premiers qui composent le produit $p \times p$. Les seuls diviseurs premiers de p^2 sont 1 et p; par suite p^2 n'est pas multiple d'un nombre premier inférieur à p. Le nombre p^2 n'a pas été effacé.

En conséquence : Ayant écrit la suite :

(1) 1, 2, 3, 4, 5, 6, 7, 8, 9..... 1.000

On supprimera les	nombres	de 2 en 2	rangs à partir de	4
—	—	3 — 3	—	9
—	—	4 — 4	—	16
—	—	5 — 5	—	25

Et, lorsqu'on sera arrivé à un nombre premier p dont le carré surpasse 1.000, on sera certain que la table ne contiendra plus de nombres non premiers, puisque le premier nombre, non premier, que l'on pourrait rencontrer, est le nombre $p^2 > 1000$. Ainsi, ayant effacé les multiples de tous les nombres premiers inférieurs à 37, on pourra arrêter l'opération. Tous les nombres restant inscrits dans la table seront premiers, puisque 1.369, carré de 37, surpasse 1.000.

73. — On obtient ainsi la table suivante :

TABLE DES NOMBRES PREMIERS INFÉRIEURS A 1000

1	41	101	167	239	313	397	467	569	643	733	823	911
2	43	103	173	241	317	401	479	571	647	739	827	919
3	47	107	179	251	331	409	487	577	653	743	829	929
5	53	109	181	257	337	419	491	587	659	751	839	937
7	59	113	191	263	347	421	499	593	661	757	853	941
11	61	127	193	269	349	431	503	599	673	761	857	947
13	67	131	197	271	353	433	509	601	677	769	859	953
17	71	137	199	277	359	439	521	607	683	773	863	967
19	73	139	211	281	367	443	523	613	691	787	877	971
23	79	149	223	283	373	449	541	617	701	797	881	977
29	83	151	227	293	379	457	547	619	709	809	883	983
31	89	157	229	307	383	461	557	631	719	811	887	991
37	97	163	233	311	389	463	563	641	727	821	907	997

On fait usage de la table des nombres premiers quand il s'agit de décomposer un nombre en un produit de facteurs tous premiers. Cette décomposition est, surtout, facilitée par l'emploi des tables contenant le plus *petit diviseur* de chacun des nombres entiers.

On entend par le plus *petit diviseur* d'un nombre, le diviseur qui suit immédiatement l'unité. Soient :

$$1, a, b, c\ldots\ldots l$$

les diviseurs d'un nombre N, supposons-les rangés par ordre de grandeur,

$$1 < a < b < c\ldots\ldots < l$$

a sera le plus *petit diviseur* de N. Nous avons vu (nº 65) que ce *plus petit diviseur est un nombre premier.*

74. — *Problème. — Reconnaître si un nombre est premier.*

Soit N le nombre donné, s'il n'est pas premier, il admet un diviseur premier. On est donc conduit à diviser N par les nombres premiers successifs inférieurs à N. Mais il n'est pas nécessaire d'effectuer toutes ces divisions.

Quand on arrive à un quotient inférieur au diviseur essayé, on peut arrêter la recherche et conclure que le nombre est premier (aucune des divisions précédentes ne s'étant faite exactement).

Supposons qu'on soit arrivé à la division :

$$(1) \qquad N = p \times q + r$$

dans laquelle

$$q \leqq p$$

Si, pour continuer la recherche, on essaye un diviseur $p' > p$, la division ne pourra se faire exactement.. Soit, en effet :

$$(2) \qquad N = p' \times q'$$

p' étant supérieur à p, on aura

$$q' < q$$

et, par conséquent :

$$q' < p$$

N serait divisible par un diviseur q' inférieur à p, il serait aussi divisible par les facteurs premiers de q'; or, ces facteurs premiers sont inférieurs à p. Ils ont été essayés, aucun d'eux ne divise N, donc N ne saurait être divisible par q'. Donc, quand on arrive à un quotient inférieur au diviseur essayé, aucune des divisions suivantes ne peut se faire exactement, N est premier.

Remarque. — Ce caractère peut encore s'énoncer ainsi : *Un nombre N est premier quand il n'est divisible par aucun des nombres premiers dont le carré est inférieur à N.*

En effet, N ne sera pas non plus divisible par un nombre premier p, dont le carré p^2 est supérieur à N.

Supposons que :

$$N = p \times q$$

q sera nécessairement inférieur à p, puisque, par hypothèse, p^2 est supérieur à N. N admettrait alors comme diviseurs premiers, tous ceux de q; ils sont tous inférieurs à p. N admettrait un diviseur premier inférieur à p, ce qui est contraire à l'hypothèse.

Exemple. — Reconnaître si le nombre 103 est premier.

Divisons 103 successivement par les nombres premiers 2, 3, 5, 7, aucune des divisions ne se fait exactement; or, le carré du nombre premier suivant 11 est 121. Ce carré, étant supérieur à 103, nous pouvons arrêter les essais; 103 est un nombre premier.

§ III. — DÉCOMPOSITION D'UN NOMBRE EN SES FACTEURS PREMIERS

75. — *Soit à décomposer le nombre N en un produit de facteurs tous premiers.*

Désignons par a le plus petit diviseur de N et divisons N par a, soit Q_1 le quotient.

(1) $$N = a \times Q_1$$

Si Q_1 est premier, la décomposition est effectuée; sinon, nous diviserons Q_1 par son plus petit diviseur b, soit Q_2 le quotient.

(2) $$Q_1 = b \times Q_2$$

En répétant le même raisonnement sur les quotients successifs, on aura les opérations :

(3) $$Q_2 = c \times Q_3$$

(4) $$Q_3 = d \times Q_4$$

Supposons que Q_4 soit premier. Multiplions toutes les égalités membre à membre, nous obtiendoons :

$$N \times Q_1 \times Q_2 \times Q_3 = a \times b \times c \times d \times Q_1 \times Q_2 \times Q_3 \times Q_4$$

ou :

$$N = a \times b \times c \times d \times Q_4$$

a, b, c, d, Q_4 étant tous premiers, la décomposition est effectuée.

Remarque. — Quelques-uns des facteurs premiers a, b, etc. peuvent être égaux.

Exemple. — Décomposer 420 en ses facteurs premiers.

Le plus petit diviseur de 420 est 2.

$$420 = 2 \times 210$$

Le plus petit diviseur de 210 est encore 2.

$$210 = 2 \times 105$$

Le plus petit diviseur de 105 est 3.

$$105 = 3 \times 35$$

Enfin, le plus petit diviseur de 35 est 5.

$$35 = 5 \times 7$$

7 est premier. Donc :

$$420 = 2 \times 2 \times 3 \times 5 \times 7$$

ou :

$$420 = 2^2 \times 3 \times 5 \times 7$$

On donne aux opérations la disposition suivante :

420	2
210	2
105	3
35	5
7	7
1	

$$420 = 2^2 \times 3 \times 5 \times 7$$

La 2e colonne contient les diviseurs premiers successifs de 420 et la 1re colonne contient les quotients correspondants.

76. — *Théorème. — Un nombre n'est décomposable qu'en un seul système de facteurs premiers.*

Soit un nombre N, supposons qu'on ait les deux décompositions en facteurs premiers :

(1) $$N = a \times b \times c ..... \times l$$

(2) $$N = a' \times b' \times c' ..... \times l'$$

Quelques-uns des facteurs a, b, c..... ou a', b', c'..... pouvant être égaux.

Des égalités (1), (2), on déduit l'égalité (3).

(3) $$a \times b \times c ..... \times l = a' \times b' \times c' ..... \times l'$$

1° Considérons le facteur a du premier produit, il divise ce produit ($a \times b ..... \times l$), il doit donc diviser le second produit ($a' \times b' \times c' ..... \times l'$) qui est égal au premier; comme tous les facteurs du produit ($a' \times b' \times c' ..... \times l'$) sont premiers, a doit être égal à l'un d'eux (n° 69); soit $a = a'$. On verrait de la même façon que tous les facteurs b, c..... l du premier produit sont contenus dans le second.

2° *Réciproquement.* — Considérons maintenant le facteur a' du second produit, il divise ce produit ($a' \times b' \times c' ..... \times l'$), et, par suite, il divise le premier produit ($a \times b \times c ..... \times l$) qui est égal au second. Comme tous les facteurs du produit ($a \times b \times c ..... \times l$) sont premiers, a' doit être égal à l'un d'eux; soit $a' = a$. On verrait de la même façon, que tous les facteurs b', c'..... l' du second produit sont contenus dans le premier.

3° *En conséquence*, chacun des facteurs du premier produit étant compris dans le second, et réciproquement, chacun des facteurs du second se trouvant dans le premier, les *deux produits sont identiques.*

Ainsi, les deux décompositions (1) et (2) sont identiques.

77. — *Corollaire.* — Pour décomposer un nombre en ses facteurs premiers, on peut suivre une marche parfois plus rapide que celle indiquée au n° 75. On peut décomposer le nombre en un produit de deux facteurs *quelconques*, chacun d'eux en un produit de deux autres, etc.

Exemples. — I. Soit à décomposer 420 en ses facteurs premiers, on aura :

$$\begin{aligned} 420 &= 42 \times 10 \\ &= (6 \times 7)(2 \times 5) \\ &= 2 \times 3 \times 7 \times 2 \times 5 \\ &= 2^2 \times 3 \times 5 \times 7 \end{aligned}$$

II. Soit à décomposer le nombre 3.600.

Les opérations seraient :

1re méthode

3600	2
1800	2
900	2
450	2
225	3
75	3
25	5
5	5
1	

2e méthode

$$\begin{aligned} 3600 &= 36 \times 100 \\ &= 4 \times 9 \times 4 \times 25 \\ &= 2^2 \times 3^2 \times 2^2 \times 5^2 \\ &= 2^4 \times 3^2 \times 5^2 \end{aligned}$$

$$3600 = 2^4 \times 3^2 \times 5^2$$

78. — *Théorème.* — *La condition nécessaire et suffisante pour qu'un nombre A soit divisible par un nombre B, est que A contienne tous les facteurs premiers de B, avec un exposant au moins égal à l'exposant qu'ils ont dans B.*

La condition est nécessaire.

Soit le nombre 720 qui est divisible par 90.

On a :

(1) $$720 = 90 \times 8$$

Décomposons 720 et 90 en leurs facteurs premiers.

$$720 = 2^4 \times 3^2 \times 5$$
$$90 = 2 \times 3^2 \times 5$$

L'égalité (1) devient :

$$(2) \qquad 2^4 \times 3^2 \times 5 = (2 \times 3^2 \times 5) \times 8$$

Enfin, décomposons 8 en ses facteurs premiers;
L'égalité (2) devient :

$$(3) \qquad 2^4 \times 3^2 \times 5 = (2 \times 3^2 \times 5) \times 2^3$$

Les deux membres de l'égalité (3) sont égaux, et représentent le même nombre 720; or, 720 n'est décomposable qu'en un seul système de facteurs premiers, donc, tous les facteurs composant le produit $(2 \times 3^2 \times 5)$ doivent se trouver dans 720. C'est-à-dire que tous les facteurs de 90 se trouvent dans 720 avec un exposant au moins égal à ceux qu'ils ont dans 90.

La condition est suffisante.

Supposons-la remplie, et soient les deux nombres :

$$A = 2^5 \times 3^3 \times 5 \times 7$$
$$B = 2^3 \times 3^2 \times 5$$

Les facteurs premiers de B étant tous contenus dans A avec un exposant au moins égal, on peut décomposer A en un produit de 2 facteurs, le premier facteur contenant précisément tous les facteurs premiers de B.

$$2^5 \times 3^3 \times 5 \times 7 = (2^3 \times 3^2 \times 5)(2^2 \times 3 \times 7)$$

ou :

$$A = B \times Q$$

Donc A est divible par B.

79. — *Application. — Recherche du plus grand commun diviseur et du plus petit multiple commun de plusieurs nombres.*

Soient les nombres A, B, C, dont on veut déterminer le plus grand commun diviseur et le plus petit multiple commun. Décomposons-les en leurs facteurs premiers et supposons qu'on ait :

$$A = 2^4 \times 3^3 \times 7 \times 11$$
$$B = 2^7 \times 3^2 \times 7$$
$$C = 2^4 \times 3^2 \times 5 \times 11$$

1° *Le plus grand commun diviseur* D, des nombres A, B, C, s'obtiendra en faisant *le produit des facteurs premiers communs aux 3 nombres, en prenant ces facteurs avec leur plus faible exposant.* Ainsi, les facteurs 2 et 3 sont communs aux trois nombres, le plus faible des exposants du facteur 2 est 3, on prendra donc 2^3; le plus faible des exposants du facteur 3 est 2, on prendra donc 3^2, le nombre ainsi formé sera, par suite :

$$D = 2^3 \times 3^2$$

C'est le plus grand commun diviseur des trois nombres A, B, C.

En effet, D est d'abord un diviseur des nombres A, B, C, puisque chacun des nombres contient les facteurs de D avec un exposant au moins égal à celui qu'ils ont dans D.

Pour montrer que D est le plus grand diviseur commun, il faut faire voir qu'on ne peut ni augmenter les exposants des facteurs de D, ni introduire un nouveau facteur. Augmentons l'exposant de 2 et soit le nombre :

$$D_1 = 2^5 \times 3^2$$

D_1 diviserait les nombres A et C, mais il ne diviserait pas B. De même, introduisons le facteur 5 et soit le nombre :

$$D_2 = 2^3 \times 2^2 \times 5$$

D_2 diviserait C, mais il ne diviserait ni A, ni B.

D'où la règle : On forme le plus grand commun diviseur de plusieurs nombres, en faisant le produit de leurs facteurs premiers communs, pris chacun avec son exposant le plus faible.

2° *Le plus petit multiple commun* des nombres A, B, C s'obtiendra en faisant le produit de tous les facteurs premiers distincts, pris chacun avec son exposant le plus élevé, ce sera :

$$M = 2^5 \times 3^3 \times 5 \times 7 \times 11$$

En effet, M est un multiple de chacun des nombres A, B, C, puisqu'il contient tous les facteurs premiers de ces nombres avec un exposant au moins égal à celui qu'ils ont dans ces nombres.

Pour montrer que M est leur plus petit multiple commun, il faut faire voir qu'on ne peut ni diminuer les exposants, ni supprimer un facteur. Diminuons l'exposant du facteur 2 et soit le nombre

$$M_1 = 2^3 \times 3^3 \times 5 \times 7 \times 11$$

M_1 sera divisible par B, mais il ne sera plus divisible par les nombres A et C. M_1 n'est donc pas un multiple commun des 3 nombres.

Supprimons l'un des facteurs, 7 par exemple, et soit le nombre :

$$M_2 = 2^4 \times 3^3 \times 5 \times 11$$

M_2 sera divisible par le nombre C, mais il ne sera plus divisible par les nombres A et B.

D'où la règle. — On forme le plus petit multiple commun de plusieurs nombres, en faisant le produit de tous les facteurs premiers différents contenus dans les nombres et en prenant chacun de ces facteurs avec son exposant le plus élevé.

Exemple. — Trouver le plus grand commun diviseur et le plus petit multiple commun des nombres

540, 720, 1.260

Décomposons ces nombres en leurs facteurs premiers :

540		720		1.260	
540	2	720	2	1.260	2
270	2	360	2	630	2
135	3	180	2	315	3
45	3	90	2	105	3
15	3	45	3	35	5
5	5	15	3	7	7
1		5	5	1	
		1			

$$540 = 2^2 \times 3^3 \times 5$$
$$720 = 2^4 \times 3^2 \times 5$$
$$1.260 = 2^2 \times 3^2 \times 5 \times 7$$

En appliquant les règles précédentes, on trouvera :

plus grand commun diviseur $= 2^2 \times 3^2 \times 5 = 180$
plus petit multiple commun $= 2^4 \times 3^3 \times 5 \times 7 = 15.120$

79. — *La condition nécessaire et suffisante pour qu'un nombre soit carré parfait est que les exposants de ses facteurs premiers soient tous pairs.*

La condition est nécessaire.

Soit un nombre N carré parfait, c'est-à-dire carré d'un nombre entier A, on a :

$$N = (A)^2 \qquad (1)$$

Décomposons A en ses facteurs premiers :

$$A = a^\alpha \times b^\beta \times c \ldots\ldots \times l^\lambda$$

Remplaçons A par sa valeur dans (1), il vient :

$$N = (a^\alpha \times b^\beta \times c^\gamma ..... \times l^\lambda)^2 = a^{2\alpha} \times b^{2\beta} \times c^{2\gamma} ..... \times l^{2\lambda}$$

Donc, tous les exposants des facteurs premiers de N sont pairs.

La condition est suffisante.

Supposons-la remplie, et soit :

$$N = a^{2\alpha} \times b^{2\beta} \times c^{2\gamma} ..... \times l^{2\lambda}$$

On peut écrire :

$$N = (a^\alpha \times b^\beta \times c^\gamma ..... \times l^\lambda)^2$$

On voit donc que, si la condition est remplie, N est un carré parfait.

Remarque. — On verrait de la même façon que la condition, *nécessaire et suffisante pour qu'un nombre soit cube parfait, est que les exposants de tous les facteurs premiers contenus dans le nombre soient tous multiples de 3*

§ IV. — DIVISEURS D'UN NOMBRE

Former tous les diviseurs d'un nombre

80. — Un nombre étant décomposé en ses facteurs premiers, il s'agit de former tous les diviseurs du nombre. Soit :

$$N = a^\alpha \times b^\beta \times c^\gamma ..... \times l^\lambda$$

Ecrivons sur une première ligne horizontale les puissances successives de a depuis a^0 (1) jusqu'à a^α, sur une deuxième ligne, toutes les puissances de b depuis b^0 jusqu'à b^β et ainsi de suite, nous formons le tableau suivant :

$$(1) \qquad \begin{matrix} a^0 & a^1 & a^2 ..... & a^\alpha \\ b^0 & b^1 & b^2 ..... & b^\beta \\ c^0 & c^1 & c^2 ..... & c^\gamma \\ \cdot & \cdot & \cdot & \cdot \\ l^0 & l^1 & l^2 ..... & l^\lambda \end{matrix}$$

(1) a^0 a pour valeur l'unité, car si l'on divise deux puissances égales de a, par exemple, $a^3 : a^3$, le quotient peut s'écrire ou 1 ou a^0.

Multiplions, successivement, chacun des nombres de la première ligne par chacun des nombres de la deuxième; puis, chacun des nombres ainsi obtenus par chacun des nombres de la troisième ligne et ainsi de suite. Nous formerons ainsi, *sans répétition* et *sans omission*, tous les diviseurs de N.

1° *Tous les nombres obtenus sont des diviseurs de N.*

En effet, l'un quelconque de ces nombres est le produit obtenu en prenant un nombre dans chacune des lignes du tableau (1). Ce sera, par exemple :

$$A = a^{\alpha'} \times b^{\beta'} \times c^{\gamma'} \ldots\ldots \times l^{\lambda'}$$

$a^{\alpha'}$ étant l'un des nombres de la première ligne
$b^{\beta'}$ — deuxième —
. . . .
$l^{\lambda'}$ — dernière —

par conséquent :

$$\begin{array}{c} \alpha' \leqq \alpha \\ \beta' \leqq \beta \\ \gamma' \leqq \gamma \\ \ldots \\ \lambda' \leqq \lambda \end{array}$$

A est donc un diviseur de N, puisque N contient tous les facteurs premiers de A avec un exposant au moins égal à ceux qu'ils ont dans A.

2° *Il n'y a pas répétition, tous les nombres obtenus sont différents.*

En effet, d'après la méthode employée, on a multiplié successivement chacun des nombres de la première ligne du tableau (1) par chacun des nombres de la deuxième ligne. Les produits ainsi formés sont tous différents. Si on les multiplie par chacun des nombres de la troisième ligne qui sont tous différents, on obtiendra encore des produits tous différents, et ainsi de suite. Tous les diviseurs formés sont donc différents.

3° *Il n'y a pas d'omission, tous les diviseurs de N se trouvent formés.*

Imaginons un nouveau diviseur de N soit :

$$B = a^{\alpha'} \times b^{\beta'} \times c^{\gamma'} \ldots\ldots \times l^{\lambda'}$$

Pour que B divise N, on devra avoir les conditions :

$$\begin{array}{c} \alpha' \leqq \alpha \\ \beta' \leqq \beta \\ \gamma' \leqq \gamma \\ \ldots\ldots \\ \lambda' \leqq \lambda \end{array}$$

Donc, $a^{\alpha'}$ sera l'un des nombres de la première ligne du tableau (1), $b^{\beta'}$ sera l'un des nombres de la seconde ligne, etc. Or, comme on a multiplié tous les nombres de la première ligne par tous ceux de la deuxième, puis tous les nombres obtenus par tous ceux de la troisième, etc., on aura certainement formé le produit :

$$a^{\alpha'} \times b^{\beta'} \times c^{\gamma'} \ldots\ldots \times l^{\lambda'}$$

Exemple. — Former tous les diviseurs de 360 :

$$360 = 2^3 \times 3^2 \times 5$$

Formons le tableau :

(2)

1	2	4	8
1	3	9	
1	5		

Multiplions les nombres de la première ligne par ceux de la deuxième, nous obtenons les nombres :

(3)

1	2	4	8
3	6	12	24
9	18	36	72

Multiplions chacun de ces nombres par les nombres 1 et 5 de la troisième ligne, nous obtiendrons tous les diviseurs de 360. Ce seront d'abord les nombres du tableau (3), puis le produit de chacun de ces nombres par 5. Nous aurons :

(4)

1	2	4	8	.....	5	10	20	40
3	6	12	24	.....	15	30	60	120
9	18	36	72	.....	45	90	180	360

Et ce tableau (4) contiendra tous les diviseurs de 360.

Nombre des diviseurs d'un nombre

81. — Reprenons le tableau (1) et la méthode suivie pour former tous les diviseurs de N :

La première ligne du tableau	contient	$\alpha + 1$	nombres
— deuxième	—	$\beta + 1$	—
— troisième	—	$\gamma + 1$	—
— dernière	—	$\lambda + 1$	—

Or, on a multiplié chacun des $(\alpha + 1)$ nombres de la première ligne par chacun des $(\beta + 1)$ nombres de la seconde, le nombre des nombres ainsi formés est :

$$(\alpha + 1)(\beta + 1)$$

On a multiplié ensuite chacun d'eux par chacun des $(\gamma + 1)$ nombres de la troisième ligne, le nombre des nombres formés sera alors :

$$(\alpha + 1)(\beta + 1)(\gamma + 1)$$

et ainsi de suite.

Le nombre total des diviseurs de N sera :

$$(\alpha + 1)(\beta + 1)(\gamma + 1)\ldots\ldots(\lambda + 1)$$

Les différents nombres qui composent ce produit sont les exposants des facteurs premiers contenus dans N, chacun de ces exposants ayant été augmenté d'une unité.

Exemple. — Le nombre des diviseurs de 360 est donné par le produit :

$$(3 + 1)(2 + 1)(1 + 1) = 4 \times 3 \times 2 = 24$$

Somme de tous les diviseurs d'un nombre

82. — Remarquons que les diviseurs d'un nombre sont fournis par les différents termes du produit des polynômes arithmétiques :

$$(a^0 + a^1\ldots\ldots + a^\alpha)(b^0 + b^1\ldots\ldots + b^\beta)\ldots\ldots(l^0 + l^1\ldots\ldots l^\lambda)$$

Faire la somme des diviseurs d'un nombre, c'est effectuer la somme des différents termes de ce produit. Mais, on peut aussi calculer la valeur numérique des différents polynômes et faire le produit de ces valeurs.

Or, la somme $a^0 + a^1 + a^2\ldots\ldots + a^\alpha$ peut être considérée comme le quotient de $a^{\alpha+1} - 1$ par $a - 1$, de sorte qu'on peut écrire :

$$a^0 + a^1 + a^2\ldots\ldots + a^\alpha = \frac{a^{\alpha+1} - 1}{a - 1}$$

$$b^0 + b^1 + b^2\ldots\ldots + b^\beta = \frac{b^{\beta+1} - 1}{b - 1}$$

$$l^0 + l^1 + l^2\ldots\ldots + l^\lambda = \frac{l^{\lambda+1} - 1}{l - 1}$$

Multiplions membre à membre ces égalités :

$$(a^0 + a^1 ..... + a^\alpha)\,(b^0 + b^1 ..... + b^\beta) .....\, (l^0 + l^1 ..... + l^\lambda) = \frac{(a^{\alpha+1} - 1)\,(b^{\beta+1} - 1) .....\, (l^{\lambda+1} - 1)}{(a-1)\,(b-1) .....\, (l-1)}$$

Donc, la somme s de tous les diviseurs d'un nombre est donnée par la formule :

$$s = \frac{(a^{\alpha+1} - 1)(b^{\beta+1} - 1) .....\, (l^{\lambda+1} - 1)}{(a-1)\,(b-1) .....\, (l-1)}$$

Exemple. — La somme des diviseurs de 360 sera :

$$\frac{(2^4 - 1)\,(3^3 - 1)\,(5^2 - 1)}{(2-1)\,(3-1)\,(5-1)} = \frac{15 \times 26 \times 24}{2 \times 4} = 1.170$$

Remarques. — I. On appelle *nombre parfait* tout nombre qui est égal à la somme de tous ses diviseurs, sauf le diviseur qui est égal au nombre lui-même.

Exemple. — Soit le nombre 28 :

$$28 = 2^2 \times 7$$

Formons ses diviseurs d'après la règle indiquée (n° 80). Soit le tableau :

1 2 4
1 7

Multiplions chacun des nombres de la première ligne par chacun des membres de la seconde, nous obtiendrons les diviseurs :

1, 2, 4, 7, 14, 28

Prenons ceux qui sont inférieurs à 28. Ce sont :

1, 2, 4, 7, 14

Leur somme est précisément 28. Donc 28 est un *nombre parfait*.

II. On obtiendrait, par un procédé analogue, la somme des carrés ou la somme des cubes de tous les diviseurs d'un nombre.

Soit le nombre :

$$N = a^\alpha \times b^\beta \times c^\gamma ..... \times l^\lambda$$

Considérons le produit :

$$(a^0 + a^2 + a^4 ..... + a^{2\alpha})\,(b^0 + b^2 + b^4 ..... + b^{2\beta}) .....\, (l^0 + l^2 + l^4 ..... + l^{2\lambda})$$

Nous établirons, comme au (nº 80), que chacun des termes de ce produit est le carré d'un des diviseurs de N. Pour déterminer la somme des carrés des diviseurs de N, il faudra calculer la valeur numérique de ce produit. Mais on peut encore calculer la valeur numérique de chacun des polynômes et en faire le produit. Or :

$$a^0 + a^2 + a^4 \ldots\ldots + a^{2\alpha} = \frac{a^{2(\alpha+1)} - 1}{a^2 - 1}$$

$$b^0 + b^2 + b^4 \ldots\ldots + b^{2\beta} = \frac{b^{2(\beta+1)} - 1}{b^2 - 1}$$

....

$$l^0 + l^2 + l^4 \ldots\ldots + l^{2\lambda} = \frac{l^{2(\lambda+1)} - 1}{l^2 - 1}$$

La somme des carrés des diviseurs de N sera donnée par la formule :

$$\frac{(a^{2(\alpha+1)} - 1)\,(b^{2(\beta+1)} - 1)\ldots\ldots(l^{2(\lambda+1)} - 1)}{(a^2 - 1)\,(b^2 - 1)\ldots\ldots(l^2 - 1)}$$

Produit de tous les diviseurs d'un nombre

83. — Soient le nombre N et ses diviseurs :

$$1,\ a,\ b,\ c \ldots\ldots N$$

supposés rangés par ordre de grandeur. Soit n leur nombre. Divisons N par chacun de ses diviseurs :

$$(1) \qquad \begin{aligned} N &= 1 \times q_1 \\ N &= a \times q_2 \\ N &= b \times q_3 \\ N &= c \times q_4 \\ &\ldots\ldots \\ N &= N \times q_n \end{aligned}$$

Les quotients $q_1, q_2, q_3 \ldots\ldots q_n$ sont aussi des diviseurs du nombre N; comme les diviseurs $1, a, b, c \ldots\ldots$ N sont tous différents, ces quotients sont aussi tous différents et forment, par conséquent, mais en ordre inverse, la suite des diviseurs de N.

Multiplions toutes les égalités (1) membre à membre, nous obtenons :

$$N^n = (1 \times a.b.c \ldots\ldots N)\,(q_1\,q_2\,q_3 \ldots\ldots q_n) = (1\;a.b.c \ldots\ldots N)^2$$

Désignons par P le produit de tous les diviseurs de N, nous avons :

$$P^2 = N^n$$
$$P = \sqrt{N^n}$$

Le produit de tous les diviseurs d'un nombre est donc égal à la racine carrée de la $n^{ième}$ puissance du nombre; n étant le nombre de tous les diviseurs du nombre.

§ V. — THÉORÈMES DE FERMAT, WILSON, ETC.

Théorème de Fermat

Nous allons d'abord établir deux lemmes :

84. — 1er *lemme.* — *Si plusieurs nombres A, B, C..... L, divisés par un même nombre* d *ont fourni des restes R_1 R_2..... R_n. Le produit des nombres A, B, C..... L est un multiple de* d, *augmenté du produit des restes,* R_1, R_2..... R_n.

Considérons d'abord deux nombres :

$$A = d \times q_1 + R_1$$
$$B = d \times q_2 + R_2$$

Multiplions membre à membre ces égalités :

$$A \times B = d.q_1d.q_2 + dq_2R_1 + dq_1R_2 + R_1R_2$$
$$A \times B = d[q_1q_2d + q_2R_1 + q_1R_2] + R_1R_2$$
$$A \times B = d \times Q + R_1R_2$$

Le produit $A \times B$ est donc un multiple de d augmenté du produit des deux restes R_1, R_2.

Pour généraliser, nous supposerons le lemme établi dans le cas de $n-1$ nombres, nous montrerons qu'il est encore vrai pour n nombres. En effet, le lemme étant démontré pour le cas de deux nombres, on pourra l'étendre au cas de trois nombres, puis au cas de quatre nombres, etc.

Soient donc les $n-1$ nombres A, B..... H qui, divisés par d, ont fourni les restes R_1, R_2..... R_{n-1}. Nous avons, par hypothèse :

(1) $$A \times B ..... \times H = d \times Q + R_1 \times R_2 ..... \times R_{n-1}$$

Soit un autre nombre L qui, divisé par d, fournit le reste R_n :

(2) $$L = d \times Q' + R_n$$

Dans l'égalité (1) on peut supposer effectués les produits : $A \times B ..... \times H$ et $R_1 \times R_2 ..... \times R_{n-1}$. Nous rentrons alors dans le cas de deux nombres et si nous multiplions, membre à membre, les égalités (1) et (2), nous aurons :

$$(A \times B ..... \times H).L = \text{multiple de } d + (R_1 \times R_2 ..... \times R_{n-1})R_n$$

ou : $A \times B ..... \times H \times L = \text{multiple de } d + R_1 \times R_2 ..... \times R_{n-1} \times R_n$

85. — 2° *Lemme.* — *Si l'on divise les multiples successifs d'un nombre A : A, 2A, 3A..... (p — 1)A, par un nombre* p, *premier avec A ; tous les restes obtenus sont différents et aucun d'eux n'est nul.*

Considérons la suite des multiples de A :

(1) $$A, 2A, 3A ..... (p-1)A$$

1° Prenons l'un des termes, $k.A$, de cette suite, et divisons-le par p, la division ne peut se faire exactement.

En effet, si l'on avait :

$$k.A = p \times q$$

p, divisant le produit $k.A$ et étant premier avec A, devrait diviser k ; c'est impossible, puisque k est l'un des nombres $1, 2, 3 ..... (p-1)$; il est, par suite, inférieur à p. *Ainsi, aucun des restes n'est nul.*

2° Supposons que deux termes, kA, hA de la suite (1) fournissent le même reste quand on les divise par p. Leur différence doit être divisible par p (n° 83).

Or :

$$kA - hA = (k - h)A$$

p doit diviser le produit $(k-h)A$, mais p est premier avec A, il doit diviser $(k-h)$. Chacun des nombres k et h étant inférieur à p, leur différence est inférieure à p et ne peut être divisible par p ; donc, deux termes quelconques de la suite (1) ne peuvent fournir le même reste.

Donc, tous les restes sont différents. Comme ils sont tous inférieurs à p, *ils forment, dans un ordre quelconque, la suite :*

$$1, 2, 3 ..... (p - 1)$$

86. — *Théorème de Fermat.* — *Si un nombre premier* p *ne divise pas un nombre A, il divise le nombre* $A^{p-1} - 1$.

Considérons la suite des multiples successifs de A :

(1) $$A, 2A, 3A ..... (p-1)A$$

Divisons chacun de ces nombres par p, soient R_1, R_2..... R_{p-1} les restes de ces divisions :

$$\begin{aligned} A &= p \times q_1 + R_1 \\ 2A &= p \times q_2 + R_2 \\ 3A &= p \times q_3 + R_3 \\ \ldots\ldots & \quad \ldots\ldots\ldots\ldots \\ (p-1)A &= p \times q_{p-1} + R_{p-1} \end{aligned}$$

Multiplions toutes ces égalités membre à membre; il vient, d'après le premier lemne :

$$(2) \quad 1 \times 2 \times 3 \ldots\ldots \times (p-1)A^{p-1} = \text{multiple de } p + R_1 \times R_2 \ldots\ldots \times R_{p-1}$$

D'après le deuxième lemne, tous les restes R_1, R_2..... R_{p-1}, sont différents, aucun d'eux n'est nul; de plus ils sont tous inférieurs au diviseur p. Donc, les nombres R_1, R_2..... R_{p-1} forment, dans un ordre quelconque, la suite des $p-1$ premiers nombres, par conséquent :

$$R_1 \times R_2 \times R_{n-1} \ldots\ldots = 1 \times 2 \times 3 \ldots\ldots \times (p-1)$$

Remplaçons dans l'égalité (2), il vient :

$$1 \times 2 \times 3 \ldots\ldots \times (p-1)A^{p-1} = \text{multiple de } p + 1 \times 2 \times 3 \ldots\ldots \times (p-1)$$

ou :

$$1 \times 2 \times 3 \ldots\ldots \times (p-1)A^{p-1} - 1 \times 2 \times 3 \ldots\ldots \times (p-1) = \text{multiple de } p$$

$$(3) \quad 1 \times 2 \times 3 \ldots\ldots \times (p-1)[A^{p-1} - 1] = \text{multiple de } p$$

Cette dernière égalité montre que p doit diviser le produit :

$$1 \times 2 \times 3 \ldots\ldots \times (p-1)[A^{p-1} - 1]$$

Or, p, étant un nombre premier, est premier avec chacun des nombres 1, 2, 3..... $(p-1)$ qui, tous, lui sont inférieurs; p est donc premier avec le produit :

$$1 \times 2 \times 3 \ldots\ldots \times (p-1)$$

donc, il doit diviser le facteur :

$$[A^{p-1} - 1] \text{ C. q. f. d.}$$

Application. — Montrer que tout nombre premier autre que 2 et 5 admet comme multiple un nombre de la forme : 9999.....9.

Soit, par exemple, le nombre 7, il est premier avec 10, donc il divise le nombre :

$$10^6 - 1 = 999.999$$

Théorème de Wilson

87. — *Tout nombre premier* p *divise la somme :*

$$1 \times 2 \times 3 \ldots\ldots \times (p-1) + 1$$

Nous venons de voir que le nombre premier p est premier avec le produit : $1 \times 2 \times 3 \ldots\ldots \times (p-1)$, il s'agit maintenant d'établir que si l'on augmente ce produit d'une unité, la somme devient divisible par p.

Soit a un nombre quelconque de la suite :

(1) $$1, 2, 3 \ldots\ldots (p-1)$$

Considérons les multiples successifs de a :

(2) $$a, 2a, 3a \ldots\ldots (p-1)a$$

Divisons chacun de ces nombres par p. Le nombre a étant l'un des nombres de la suite (1) est inférieur à p; donc, le nombre premier p est premier avec a; par conséquent, tous les restes obtenus sont différents, aucun n'est nul, ils forment, dans un ordre quelconque, la suite :

$$1, 2, 3 \ldots\ldots (p-1)$$

En particulier, l'un d'entre eux a fourni 1 pour reste; soit :

(3) $$K.a = p \times Q + 1$$

Deux hypothèses se présentent :

1° $$K = a$$

On aurait alors :

$$a^2 = p \times Q + 1$$
$$a^2 - 1 = p \times Q$$
$$(a-1)(a+1) = p \times Q$$

Cette égalité n'est vraie que si a est égal à 1 ou à $(p-1)$.

2° K différent de a

L'égalité (3) prouve que les nombres : 2, 3, 4..... $(p-2)$, dont le nombre est pair, peuvent toujours être associés deux à deux, de façon que leur produit, divisé par p, donne comme reste 1.

Nous aurons donc une suite d'égalités telles que :

$$K \times a = p \times Q + 1$$
$$K_1 \times a_1 = p \times Q_1 + 1$$
$$\ldots\ldots\ldots\ldots\ldots\ldots$$
$$K_n \times a_n = p \times Q_n + 1$$

Ou, en multipliant, toutes ces égalités membre à membre, en tenant compte du lemne (n° 84).

$$(Ka) \times (K_1a_1) \times (K_na_n) = \text{multiple de } p + 1$$

Or :

$$(K.a)\,(K_1a_1)\ldots\ldots\,(K_na_n) = 2 \times 3 \times 4 \ldots\ldots \times (p-2)$$

donc :

$$2 \times 3 \ldots\ldots \times (p-2) = \text{multiple de } p + 1$$

Multiplions enfin les deux membres de cette dernière égalité par $(p-1)$, il vient, en tenant toujours compte du même lemne :

$$2 \times 3 \ldots\ldots \times (p-2)\,(p-1) = \text{multiple de } p - 1$$

ou :

$$1 \times 2 \times 3 \ldots\ldots \times (p-2)\,(p-1) = \text{multiple de } p - 1$$

ou enfin :

$$1 \times 2 \times 3 \ldots\ldots (p-2)\,(p-1) + 1 = \text{multiple de } p \qquad \text{C. q. f. p.}$$

Exemple. — Le nombre premier 11 divise la somme :

$$1 \times 2 \times 3 \times 4 \ldots\ldots \times 9 \times 10 + 1$$

Considérons les nombres :

$$2, 3, 4, 5, 6, 7, 8, 9$$

On peut les associer deux à deux de façon que leur produit, divisé par 11, donne pour reste 1. En effet,

$$2 \times 6 = 11 + 1$$
$$3 \times 4 = 11 + 1$$
$$5 \times 9 = 4 \times 11 + 1$$
$$7 \times 8 = 5 \times 11 + 1$$

Multiplions toutes ces égalités membre à membre :

$$2 \times 3 \times 4 \times 5 \times 6 \times 7 \times 8 \times 9 = \text{multiple de } 11 + 1$$

Or :

$$1 \times 10 = 11 - 1$$

Multiplions encore ces deux dernières égalités membre à membre, il vient :

$$1 \times 2 \times 3 \times 4 \times 5 \ldots\ldots \times 9 \times 10 = \text{multiple de } 11 - 1$$

Ou enfin :

$$1 \times 2 \times 3 \ldots\ldots \times 9 \times 10 + 1 = \text{multiple de } 11$$

Nombre des nombres inférieurs à N et premiers avec lui

88. — Soit un nombre N, il s'agit d'établir une formule donnant le nombre des nombres premiers avec le nombre N et inférieurs à N. Supposons N décomposé en ses facteurs premiers :

$$N = a^{\alpha} \times b^{\beta} \times c^{\gamma} \ldots\ldots \times l^{\lambda}$$

Et considérons la suite des nombres depuis 1 jusqu'à N :

(1) $$1, 2, 3, 4 \ldots\ldots N$$

Si l'on supprime de cette suite tous les multiples des facteurs $a, b, c \ldots\ldots l$, les nombres non supprimés seront les nombres cherchés.

Or, les multiples de a, inférieurs à N, forment la suite :

(2) $$a, 2a, 3a \ldots\ldots \left(\frac{N}{a}\right) a$$

Leur nombre est $\frac{N}{a}$, si on les supprime, la suite (1) ne contiendra plus que :

$$\left(N - \frac{N}{a}\right) \text{nombres}$$

ou :

$$N\left(1 - \frac{N}{a}\right) \qquad (3)$$

La formule (3) *indique combien il y a de nombres inférieurs à N et premiers avec* a.

Il faut maintenant supprimer de la suite (1) tous les multiples du facteur b, ce sont les nombres :

(4) $$b, 2b, 3b \ldots\ldots \left(\frac{N}{b}\right) b$$

Leur nombre est $\left(\frac{N}{b}\right)$. Mais quelques-uns d'entre eux ont été supprimés comme multiples de a.

En effet, quelques-uns des nombres :

$$1, 2, 3\ldots\ldots \frac{N}{b}$$

peuvent être multiples de a. Les nombres qui restent réellement dans la suite (4) sont les nombres inférieurs à $\frac{N}{b}$ et premiers avec a. Leur nombre sera donné par la formule (3), où l'on remplace N par $\frac{N}{b}$; elle devient :

$$\frac{N}{b}\left(1-\frac{1}{a}\right)$$

Cette formule représente le nombre des multiples de b de la suite (4) qui n'ont pas été effacés comme multiples de a; si on supprime ces nombres, il restera dans la suite (1) un nombre de nombres égal à :

$$N\left(1-\frac{1}{a}\right)-\frac{N}{b}\left(1-\frac{1}{a}\right)=N\left(1-\frac{1}{a}\right)\left(1-\frac{1}{b}\right) \quad (5)$$

Et cette formule (5) indique combien il y a de nombres inférieurs à N et premiers avec a et b.

De même, les multiples de c contenus dans la suite (1) sont les nombres :

$$(6) \qquad c, 2c, 3c\ldots\ldots \left(\frac{N}{c}\right)c$$

Leur nommbre est $\frac{N}{c}$. Mais certains d'entre eux ont pu être effacés comme multiples de a ou de b.

En effet, parmi les nombres :

$$1, 2, 3\ldots\ldots \frac{N}{c}$$

Quelques-uns peuvent être multiples de a ou de b. Les nombres qui restent réellement dans la suite (6) sont les nombres inférieurs à $\frac{N}{c}$ et premiers avec a et avec b; ce nombre sera donné par la formule (5) dans laquelle on remplacera N par $\frac{N}{c}$, elle devient :

$$\frac{N}{c}\left(1-\frac{1}{a}\right)\left(1-\frac{1}{b}\right)$$

Et cette formule indique combien il y a de multiples de c dans la suite (6) qui sont premiers avec a et avec b, et qui, par conséquent, n'ont pas été supprimés.

Supprimons-les, le nombre des nombres qui resteront dans la suite (1) sera alors égal à :

$$N\left(1-\frac{1}{a}\right)\left(1-\frac{1}{b}\right)-\frac{N}{c}\left(1-\frac{1}{a}\right)\left(1-\frac{1}{b}\right)$$

ou :

$$N\left(1-\frac{1}{a}\right)\left(1-\frac{1}{b}\right)\left(1-\frac{1}{c}\right)$$

En général, le nombre des nombres premiers avec N et plus petits que N sera donné par la formule :

$$(7)\qquad N\left(1-\frac{1}{a}\right)\left(1-\frac{1}{b}\right)\left(1-\frac{1}{c}\right).....\left(1-\frac{1}{l}\right)$$

ou :

$$\frac{a^{\alpha}\times b^{\beta}\times c^{\gamma}.....\times l^{\lambda}}{a\times b\times c....\times l}(a-1)(b-1)(c-1).....(l-1)$$

ou enfin :

$$(8)\quad a^{\alpha-1}\times b^{\beta-1}\times c^{\gamma-1}.....\times l^{\lambda-1}(a-1)(b-1)(c-1)....(l-1)$$

Ce résultat peut s'énoncer ainsi :

Le nombre des nombres inférieurs à N et premiers avec lui s'obtient en diminuant d'une unité l'exposant de chacun des facteurs premiers qui compose le nombre et en multipliant le résultat par le produit de ces facteurs premiers, diminués chacun d'une unité.

Remarque. — Le nombre fourni par la formule (8) se représente symboliquement par :

$$\varphi(N)$$

Exemple. — Soit :

$$N = 20$$
$$20 = 2^2\times 5$$
$$\varphi(20) = 2^1\times 5^0\times(2-1)(5-1)$$
$$\varphi(20) = 2\times 4$$
$$\varphi(20) = 8$$

Ainsi, il y a 8 nombres premiers avec 20 et inférieurs 20. Ce sont, en effet, les nombres :

1, 3, 7, 9, 11, 13, 17, 19

Analyse indéterminée

89. — On sait que lorsqu'un problème se traduit algébriquement par une seule équation entre deux inconnues, le problème est indéterminé. Il existe, en effet, pour les inconnues, une infinité de systèmes de valeurs vérifiant l'équation. Parmi ces valeurs, on peut se proposer de rechercher celles qui sont entières.

Soit l'équation :

$$ax - by = c$$

On en déduit :

$$x = \frac{by + c}{a}$$

Il s'agit de déterminer les valeurs entières de y auxquelles correspondront des valeurs entières pour x; ou bien, les valeurs entières de y qui rendent l'expression $by + c$ divisible exactement par a.

Il y a lieu de distinguer plusieurs cas :

1° a *et* b *sont premiers entre eux* :

Considérons la suite des nombres :

(1) $$0, 1, 2, 3\ldots\ldots (a - 1)$$

Remplaçons y successivement par chacun de ces nombres (1), $by + c$ prend les valeurs :

(2) $$c,\ b + c,\ 2b + c,\ 3b + c\ldots\ldots (a - 1)b + c$$

Divisons chacun des nombres de la suite (2) par a, tous les restes obtenus seront différents.

Soient k et h deux nombres de la suite (1) les nombres correspondants de la suite (2) seront :

$$kb + c,\ hb + c$$

Ces nombres, divisés par a, ne peuvent fournir le même reste, car leur différence $(k - h)b$ n'est pas divisible par a.

En effet, si a divisait $(k - h)b$, comme a est premier avec b, il devrait diviser $(k - h)$. C'est impossible, puisque k et h sont deux nombres inférieurs à a, leur différence est aussi inférieure à a, elle ne peut être divisible par a.

Tous ces restes étant différents et inférieurs au diviseur a formeront, dans un ordre quelconque, la suite :

$$0, 1, 2, 3\ldots\ldots a - 1$$

Donc, l'un des restes sera nul; par suite, l'un des nombres de la suite (1) rend la somme, $by + c$, divisible par a. Soit p ce nombre, si l'on donne à y les valeurs :

$$p,\ p + a,\ p + 2a,\ p + 3a \ldots\ p + Ka$$

Les expressions :

$$pb + c,\ (p + a)b + c,\ (p + 2a)b + c \ldots\ (p + Ka)b + c$$

seront toutes divisibles par a, car leur différence avec la première d'entre elles, $pb + c$, est un multiple de a.

En effet :

$$(p + Ka)b + c - (pb + c) = K \times a \times b$$

Par conséquent, ayant déterminé le nombre p *de la suite* (1) *qui rend* by + c *divisible par* a, *toutes les autres valeurs de* y, *donnant pour* x *une valeur entière, seront comprises dans la formule :*

$$y = p + Ka$$

La valeur de x correspondante sera :

$$x = \frac{(p + Ka)b + c}{a}$$

Remarquons que si l'on désigne par q, la valeur de x correspondant à la valeur p de y, c'est-à-dire :

$$q = \frac{pb + c}{a}$$

Les autres valeurs de x seront :

$$x = \frac{pb + c}{a} + K.b = q + Kb$$

Ainsi, les solutions entières de l'équation ax — by = c *sont données par les formules :*

(3)
$$y = p + Ka$$
$$x = q + K.b$$

Dans ces formules, K peut prendre toutes les valeurs entières.

2° a *et* b *admettent un plus grand commun diviseur qui divise* c.

Soient :

$$a = a'.d$$
$$b = b'.d$$
$$c = c'.d$$

Remplaçons a, b, c par ces valeurs dans l'équation :

$$ax - by = c$$

elle devient :

$$a'dx - b'dy = c'd$$

Divisons par d :

$$a'x - b'y = c'$$

D'où :

$$x = \frac{b'y + c'}{a'}$$

a' et b' étant premiers entre eux, nous rentrons dans le cas précédent. Si l'on donne à y successivement les valeurs :

$$0, 1, 2, 3 \ldots\ldots (a' - 1)$$

L'une d'elles, p', rendra $b'y + c'$ divisible par a', et les solutions entières de l'équation seront données par les formules :

(4) $$y = p' + K.a'$$
$$x = q' + Kb'$$

dans lesquelles q' représente la valeur de x correspondant à $y = p'$

3° a *et* b *admettent un plus grand coummn diviseur qui ne divise pas* c.

Dans ce cas, il n'y a plus de solutions entières pour l'équation :

$$ax - by = c$$

Soit, en effet, une valeur $y = p$ rendant $by + c$ divisible par a.

On aurait :

$$bp + c = a \times q$$

Soit d le plus grand commun diviseur des nombres a et b, d, divisant le produit aq, devrait diviser la somme $bp + c$; d divise bp, donc d devrait diviser c, ce qui est contraire à l'hypothèse :

En résumé. — Lorsque a et b sont premiers entre eux, il existe, pour l'équation $ax - by = c$, une infinité de solutions entières données par les formules (3).

Il en est de même lorsque, a et b n'étant pas premiers entre eux, leur plus grand commun diviseur divise c. Les solutions entières sont données par les formules (4).

Enfin, si a et b ne sont pas premiers entre eux, et si leur plus grand commun diviseur c ne divise pas d, l'équation n'admet aucune solution entière.

Remarque. — Tout ce qui précède s'applique aussi à l'équation :

$$ax + by = c$$

il suffit de changer b en $(-b)$ dans les formules obtenues.

Exemple. — Soit à payer une somme de 33 francs avec des pièces de 5 francs et de 2 francs.

Désignons par x le nombre des pièces de 2 francs, par y le nombre des pièces de 5 francs. L'équation du problème est :

$$2x + 5y = 33 \qquad x = \frac{33 - 5y}{2}$$

Les nombres 2 et 5 étant premiers entre eux, il y a une infinité de solutions entières. Pour en trouver une, il suffira de donner à y les valeurs 0 et 1. La valeur $y = 1$ satisfait à la question et la valeur de x correspondante est 14; donc les autres solutions entières sont comprises dans les formules :

$$y = 1 + K \times 2$$
$$x = 14 - K \times 5$$

Les seules valeurs entières que l'on puisse ici attribuer à K sont les valeurs 0, 1, 2.

D'où les trois solutions du problème :

$$K = 0 \begin{cases} y = 1 \\ x = 14 \end{cases} \qquad K = 1 \begin{cases} y = 3 \\ x = 9 \end{cases} \qquad K = 2 \begin{cases} y = 5 \\ x = 4 \end{cases}$$

§ VI. — APPLICATIONS

I. — *Deux nombres A et B étant premiers entre eux, montrer que la somme A + B et le produit A × B de ces nombres sont aussi premiers entre eux.*

Si les nombres A + B et A × B n'étaient pas premiers eux, ils admettraient un diviseur premier commun, α, par exemple. Ce diviseur, α, divisant le produit A × B, diviserait l'un des facteurs, soit A; mais α, divisant la somme A + B et l'une des parties, A, de cette somme, devrait diviser l'autre partie, B (n° 46). A et B ne seraient pas premiers entre eux, ce qui est contraire à l'hypothèse.

Remarque. — On verrait de la même façon que la différence A — B et le produit $A \times B$ de deux nombres premiers entre eux sont aussi premiers entre eux.

II. — *Démontrer que si A et B désignent deux nombres premiers entre eux, $A + B$ et $A^2 + B^2 - AB$ ne peuvent avoir d'autre diviseur commun que 3.*

Remarquons d'abord l'identité :

$$A^2 + B^2 - AB = (A + B)^2 - 3AB$$

Il s'agit de rechercher le plus grand commun diviseur entre les deux nombres :

(1) $A + B$

(2) $(A + B)^2 - 3AB$

Soit α un diviseur commun aux nombres (1) et (2).

α, divisant $A + B$, divise aussi $(A + B)^2$. Or, par hypothèse, α divise la somme (2), comme il divise l'une des parties $(A + B)^2$ de cette somme, il doit diviser l'autre partie, 3.AB. Mais, d'après le problème précédent, $A + B$ et $A \times B$ sont premiers entre eux, donc α ne peut diviser $A \times B$, il doit donc diviser 3. Par conséquent, le seul diviseur qui puisse être commun aux nombres $A + B$ et $A^2 + B^2 - AB$ est le nombre 3.

En conséquence. — Si le nombre $A + B$ est divisible par 3, les nombres $A + B$ et $A^2 + B^2 - AB$ auront pour plus grand commun diviseur 3, sinon, ces deux nombres seront premiers entre eux.

III. — *Lorsqu'un nombre est carré parfait, le nombre de ses diviseurs est impair. Le nombre des diviseurs est, au contraire, pair si le nombre n'est pas carré parfait.*

Soit :

$$N = a^{\alpha} b^{\beta} c^{\gamma} \dots\dots l^{\lambda}$$

Le nombre decs diviseurs de N est donné par la formule :

(1) $(\alpha + 1)(\beta + 1)(\gamma + 1)\dots\dots(\lambda + 1)$

Si N est carré parfait, les exposants α, β..... λ sont tous pairs; $\alpha + 1$, $\beta + 1$..... $\lambda + 1$ sont tous impairs, le produit (1) se composant d'un produit de facteurs tous impairs est impair.

Si N n'est pas carré parfait, l'un des exposants, α, par exemple, est impair, $\alpha + 1$ est alors pair; le produit (1), contenant un facteur pair, est pair.

IV. — *Décomposer un nombre en un produit de deux facteurs.*

Soit le nombre N, formons tous ses diviseurs et rangeons-les par ordre de grandeur :

$$1, a, b, c \ldots\ldots N$$

Divisons N par chacun de ses diviseurs :

(1)
$$\begin{aligned} N &= 1 \times N \\ N &= a \times Q_1 \\ N &= b \times Q_2 \\ N &= c \times Q_3 \\ &\ldots\ldots\ldots \\ N &= N \times 1 \end{aligned}$$

Chacune des égalités (1) donne une décomposition de N en un produit de deux facteurs. Si l'on remarque que les nombres :

$$N, Q_1, Q_2, Q_3 \ldots\ldots 1$$

fournissent aussi la suite, mais en ordre inverse, des diviseurs de N, on voit que les égalités qui occupent le même rang dans le tableau (1), par rapport aux deux égalités extrêmes fournissent la même décomposition. Deux cas se présentent :

1° *Le nombre des diviseurs de N est pair*, soit $2p$. Cela a lieu lorsque N n'est pas carré parfait. Le tableau (1) contiendra un nombre pair d'égalités, $2p$, et le nombre d'égalités distinctes sera p. Il y aura p décompositions.

Exemple. — Soit à décomposer le nombre 48 et un produit de deux facteurs :

$$48 = 2^4 \times 3$$

Les diviseurs de 48 sont les nombres :

$$1, 2, 3, 4, 6, 8, 12, 16, 24, 48$$

d'où le tableau :

$$48 = \begin{cases} 1 \times 48 \\ 2 \times 24 \\ 3 \times 16 \\ 4 \times 12 \\ 6 \times 8 \\ 8 \times 6 \\ 12 \times 4 \\ 16 \times 3 \\ 24 \times 2 \\ 48 \times 1 \end{cases}$$

Mais les seules décompositions distinctes sont :

1..... 48
2..... 24
3..... 16
4..... 12
6..... 8

Ainsi, 48 admet 10 diviseurs et peut être décomposé de 5 manières différentes en un produit de deux facteurs.

2° *Le nombre des diviseurs de N est impair.* Ce cas se présente quand N est carré parfait. Soit $2p + 1$ le nombre des diviseurs de N. L'égalité située au milieu du tableau (1) contient alors le produit de deux facteurs égaux. Les autres égalités, au nombre de $2p$, fournissent deux à deux la même décomposition, le nombre des décompositions *distinctes* fournies par ces égalités est p, on aura donc en tout $p + 1$ *décompositions distinctes.*

Exemple. — Soit à décomposer le nombre 36 en un produit de deux facteurs :

$$36 = 2^2 \times 3^2$$

Les diviseurs de 36 sont :

1, 2, 3, 4, 6, 9, 12, 18, 36

D'où le tableau :

$$36 = \begin{cases} 1 \times 36 \\ 2 \times 18 \\ 3 \times 12 \\ 4 \times 9 \\ 6 \times 6 \\ 9 \times 4 \\ 12 \times 3 \\ 18 \times 2 \\ 36 \times 1 \end{cases}$$

Mais les seules décompositions distinctes sont :

1..... 36
2..... 18
3..... 12
4..... 9
6..... 6

Ainsi, 36 admet 9 diviseurs et peut être décomposé de 5 manières différentes en un produit de deux facteurs.

V. — *Décomposer un nombre en un produit de deux facteurs premiers entre eux.*

Soit :

$$N = a^{\alpha}.b^{\beta}.c^{\gamma}..... l^{\lambda}$$

Considérons l'une des décompositions :

$$N = P \times Q$$

Si P contient le facteur premier a, il doit contenir a^{α}. En effet, si P contenait $a^{\alpha'}$, α' étant supposé inférieur à α, Q devrait contenir le facteur $a^{\alpha-\alpha'}$; P et Q ne seraient pas premiers entre eux.

Ainsi, tout facteur premier a, qui figure dans P ou dans Q, s'y trouve avec son exposant α.

Posons :

$$\begin{aligned} a^{\alpha} &= a' \\ b^{\beta} &= b' \\ c^{\gamma} &= c' \\ &\ldots\ldots \\ l^{\lambda} &= l' \end{aligned}$$

(1) $$N = a' \times b' \times c' ..... \times l'$$

Il s'agira de décomposer N en un praduit de deux facteurs, a', b', c'..... étant considérés comme des facteurs simples. Considérons, en effet, l'une de ces décompositions :

$$N = (a' \times b')(c' \times d' \times l')$$

Les deux nombres :

$$(a' \times b') \text{ et } (c' \times d' ..... \times l')$$

sont premiers entre eux puisque ce sont des produits de facteurs premiers tous différents.

Or, les diviseurs de N, en considérant a', b'..... l' comme des facteurs simples, s'obtiendront de la manière suivante. On forme le tableau :

(2)
$$\begin{matrix} 1..... & a' \\ 1..... & b' \\ 1..... & c' \\ \ldots & \ldots \\ 1..... & l' \end{matrix}$$

On multiplie chaque nombre de la première ligne par chacun des nombres de la deuxième ligne; puis, chacun des nombres obtenus par chacun des nombres de la troisième, et ainsi de suite. Si k désigne le nombre des facteurs premiers, $a, b, c\ldots\ldots l$, contenus dans N, le nombre des diviseurs de N, fournis par le tableau (2) sera :

$$(1+1)(1+1)(1+1)\ldots\ldots(1+1) = 2^k$$

Mais, d'après le problème précédent, le nombre des décompositions de N en un produit de deux facteurs est égal à la moitié de ce nombre, ce sera :

$$2^{k-1}$$

Ainsi, le nombre des décompositions de N en un produit de deux facteurs premiers entre eux est : 2^{k-1}.

Exemple. — Soit à décomposer 180 en un produit de deux facteurs premiers entre eux :

$$180 = 2^2 \times 3^2 \times 5$$

Considérons les nombres :

$$2^2, 3^2, 5$$

et formons le tableau :

(1)		ou	(2)	
	$1, 2^2$			1, 4
	$1, 3^2$			1, 9
	1, 5			1, 5

Multiplions chacun des nombres de la première ligne par chacun des nombres de la deuxième; puis, chacun des produits obtenus par chacun des nombres de la troisième ligne, nous aurons tous les diviseurs de 180 (2^2 et 3^2 étant considérés comme des facteurs simples).

Nous obtiendrons ainsi les nombres :

$$1, 4, 5, 9, 20, 36, 45, 180$$

D'où les quatre décompositions distinctes *du nombre 180 en un produit de deux facteurs premiers entre eux :*

$$180 = \begin{cases} 1 \times 180 \\ 4 \times 45 \\ 5 \times 36 \\ 9 \times 20 \end{cases}$$

VI. — *Trouver deux nombres, connaissant leur plus grand commun diviseur et leur plus petit multiple commun.*

Soient A, B deux nombres, M leur plus petit multiple commun, D leur plus grand commun diviseur.

On a :

(1) $$A = D \times Q_1$$
(2) $$B = D \times Q_2$$
(3) $$M = D \times Q_1 \times Q_2$$

Q_1 et Q_2 sont des nombres premiers entre eux. La troisième égalité prouve que le nombre M doit être divisible par D, et que le quotient de la division est le produit $Q_1 \times Q_2$.

Donc, pour trouver les nombres Q_1, Q_2, on divisera le plus petit multiple commun des deux nombres par leur plus grand commun diviseur; on décomposera le quotient obtenu en un produit de deux facteurs premiers entre eux, chacune des décompositions fournira un système de valeurs pour les nombres Q_1 et Q_2 et, par suite, pour les nombres A et B.

Exemple. — Le plus grand commun diviseur de deux nombres est 9, leur plus petit multiple commun est 3.240. Quels sont ces nombres?

Divisons 3.240 par 9 :

$$3.240 = 9 \times 360$$

Décomposons 360 en un produit de deux facteurs premiers entre eux :

$$360 = 2^3 \times 3^2 \times 5$$

Les diviseurs de 360 sont, en considérant 2^3, 3^2 comme des facteurs simples, obtenus au moyen du tableau :

(1)		ou	(2)	
	$1,\ 2^3$			1, 8
	$1,\ 3^2$			1, 9
	1, 5			1, 5

On multiplie les nombres 1, 8 par 1 et par 9; puis les produits obtenus par 1 et par 5. On obtient ainsi les nombres :

1, 5, 8, 9, 40, 45, 72, 360

D'où les décompositions du nombre 360 en un produit de deux facteurs premiers entre eux :

$$360 = \begin{cases} 1 \times 360 \\ 5 \times 72 \\ 8 \times 45 \\ 9 \times 40 \end{cases}$$

Les nombres A et B, égaux respectivement à $D \times Q_1$, $D \times Q_2$, s'obtiendront en multipliant par 9, chacun des facteurs entrant dans les décompositions de 360. Les nombres cherchés seront les nombres :

	9	et	3.240
ou bien :	45	—	648
—	72	—	405
—	81	—	360

VII. — *Tout nombre premier est un multiple de 6, augmenté ou diminué d'une unité.*

Considérons la suite des nombres entiers et, en particulier, les nombres compris entre deux multiples successifs de 6 :

(1) $6K, \; 6K+1, \; 6K+2, \; 6K+3, \; 6K+4, \; 6K+5, \; 6(K+1)$

On voit que les nombres $6K+2$, $6K+4$ ne sauraient être premiers, puisqu'ils sont multiples de 2. De même $6K+3$ est multiple de 3.

Les seuls nombres qui puissent être premiers sont donc les nombres $6K+1$ et $6K+5$. Ce dernier nombre peut s'écrire : $6(K+1)-1$.

Donc, tout nombre premier est de la forme :

$$6K \pm 1$$

VIII. — *Déterminer la plus haute puissance d'un nombre premier tel que 7, qui divise le produit des 1.000 premiers nombres.*

Il s'agit de compter le nombre des facteurs 7 qui entrent dans le produit :

(1) $$1 \times 2 \times 3 \ldots\ldots \times 1000$$

Divisons 1.000 par 7 :

$$1000 = 7 \times 142 + 6$$

Les différents multiples de 7 inférieurs à 1.000 sont :

$$1 \times 7, \; 2 \times 7, \; 3 \times 7 \ldots\ldots 142 \times 7$$

Mettons-les en évidence dans le produit (1) :

(2) $1 \times 2 \times 3 \ldots \times (1 \times 7) \ldots \times (2 \times 7) \ldots \times (3 \times 7) \ldots \times (142 \times 7) \ldots \times 1000$

Le facteur 7 entre déjà 142 fois dans le produit (1).

Considérons maintenant le produit obtenu en prenant tous les coefficients de 7 dans le produit (2), soit :

(3) $$1 \times 2 \times 3 \ldots\ldots \times 142$$

Ce produit contient aussi un certain nombre de fois le facteur 7. En effet :

$$142 = 7 \times 20 + 2$$

Donc, dans la suite :

$$1, 2, 3\ldots\ldots 142$$

On rencontre 20 multiples de 7, savoir :

(4) $$1 \times 7,\ 2 \times 7\ldots\ldots,\ 20 \times 7$$

Donc, le produit (3) contient 20 fois le facteur 7.

Enfin, considérons encore les coefficients de 7 de la suite (4) :

$$1, 2\ldots\ldots 20$$

Parmi ces nombres se trouvent encore deux multiples de 7, savoir :

$$1 \times 7,\ 2 \times 7$$

donc, le produit :

$$1 \times 2\ldots\ldots \times 20$$

contiendra encore deux fois le facteur 7.

Ainsi, le produit (1) contient le facteur 7 un nombre de fois égal à la somme :

$$142 + 20 + 2 = 164$$

Le produit des 1.000 premiers nombres contient donc :

$$7^{164}$$

CHAPITRE V

Divisibilité

§ I. — DÉFINITIONS

90. — Nous nous proposons, dans ce chapitre, de reconnaître si un nombre donné est divisible par un autre nombre donné, et cela, sans effectuer la division des deux nombres.

La condition que doit remplir un nombre A pour être divisible par un nombre B, est le *caractère de divisibilité* de A par B.

Ainsi, la condition que doit remplir un nombre pour être divisible par 2 est le caractère de divisibilité du nombre par 2.

De même, le caractère de divisibilité d'un nombre par 3 est la condition que doit remplir le nombre pour être divisible par 3, etc.

Les caractères de divisibilité des nombres s'obtiennent, d'une façon générale, par la méthode suivante.

91. — *Méthode.* — Soit à déterminer le caractère de divisibilité d'un nombre par le nombre p. Désignons par N un nombre quelconque, cherchons à le décomposer en deux parties dont l'une soit un multiple de p. Supposons que l'on ait obtenu :

(1) $$N = \text{multiple de } p + R$$

Si le nombre N est divisible par p, R sera aussi divisible par p (nº 46).

Réciproquement, si R est divisible par p, N sera aussi divisible par p (nº 41).

Par conséquent, pour que le nombre N soit divisible par p, il suffira que R soit divisible par p; et, si le nombre R est plus simple que N, le problème se trouve simplifié.

Enfin, si N n'est pas divisible par p, le reste de la division de N par p sera le même que celui de la division de R par p. On sait, en effet (nº 33), que lorsque deux nombres diffèrent d'un multiple de p, on obtient le même reste dans les divisions de ces deux nombres par p.

Parmi les différentes façons de décomposer un nombre, celle qui se présente le plus naturellement est celle qui résulte de la numération même; ainsi, le nombre 35.436 peut s'écrire :

$$35436 = 3 \times 10^4 + 5 \times 10^3 + 4 \times 10^2 + 3 \times 10 + 6$$

De même, on peut décomposer le nombre en tranches de deux chiffres et écrire :

$$35436 = 3 \times 10^4 + 54 \times 10^2 + 36$$

Enfin, on peut aussi le décomposer en tranches de trois chiffres, par exemple :

$$25.435.248.315 = 25 \times 10^9 + 435 \times 10^6 + 248 \times 10^3 + 315$$

§ II. CARACTÈRES DE DIVISIBILITÉ RÉSULTANT DE LA DÉCOMPOSITION DES NOMBRES EN TRANCHES DE UN CHIFFRE

92. — 1º Désignons par A_0, A_1, A_2..... A_n, les chiffres des unités, dizaines, centaines, etc., qui composent un nombre N, nous pouvons écrire :

(1) $$N = A_n \times 10^n ..... + A_2 \times 10^2 + A_1 \times 10 + A_0 \times 10^0$$

2° Supposons qu'on ait trouvé le reste de la division par le nombre p d'une puissance quelconque de 10 et qu'on ait :

$$(2) \qquad 10^n = \text{multiple de } p + \rho_n$$

multiplions les deux membres de l'égalité (2) par A_n, il vient :

$$A_n \times 10^n = \text{multiple de } p + A_n \times \rho_n$$

Donc, *tout chiffre significatif suivi de* n *zéros est un multiple de* p *augmenté du produit du chiffre significatif par le reste de la division de 10^n par* p.

3° En désignant par $\rho_0, \rho_1, \rho_2 \ldots\ldots \rho_n$, les restes des divisions par p des puissances de 10 : $10^0, 10^1, 10^2 \ldots\ldots 10^n$.

On aura, d'après ce qui précède :

$$A_n \times 10^n = \text{multiple de } p + A_n \times \rho_n$$
$$A_{n-1} \times 10^{n-1} = \text{multiple de } p + A_{n-1} \times \rho_{n-1}$$
$$\cdots\cdots\cdots\cdots\cdots\cdots\cdots\cdots$$
$$A_2 \times 10^2 = \text{multiple de } p + A_2 \times \rho_2$$
$$A_1 \times 10^1 = \text{multiple de } p + A_1 \times \rho_1$$
$$A_0 \times 10^0 = \text{multiple de } p + A_0 \times \rho_0$$

Additionnons toutes ces égalités membre à membre :

$$N = A_n \times 10^n + A_{n-1} \times 10^{n-1} \ldots\ldots + A_2 \times 10^2 + A_1 \times 10 + A_0 \times 10^0 =$$

multiple de $p +$:

$$+ A_n \times \rho_n + A_{n-1} \times \rho_{n-1} \ldots\ldots + A_2 \times \rho_2 + A_1 \times \rho_1 + A_0 \times \rho_0$$

C'est-à-dire : *Tout nombre est un multiple de* p, *augmenté de la somme des produits obtenus, en multipliant chacun des chiffres du nombre par le reste de la division par* p, *de la puissance de 10, qui correspond au rang de chacun de ces chiffres.*

Par conséquent, le nombre N sera divisible par p lorsque la somme :

$$A_n \times \rho_n + A_{n-1} \times \rho_{n-1} \ldots\ldots + A_2 \times \rho_2 + A_1 \times \rho_1 + A_0 \times \rho_0$$

sera divisible par p.

Le caractère de divisibilité de α par p est donc le suivant :

On multiplie chacun des chiffres du nombre, par le reste de la division par p, *de la puissance de 10 qui correspond au rang de ces chiffres; on additionne les produits ainsi obtenus; si leur somme est divisible par* p, *le nombre est divisible par* p.

Enfin, *le reste de la division de N par* p, *s'obtiendra, en divisant par* p *la somme :*

$$A_n \times \rho_n + A_{n-1} \times \rho_{n-1} \ldots\ldots + A_2 \times \rho_2 + A_1 \times \rho_1 + A_0 \times \rho_0$$

Remarque. — ρ_0 est toujours égal à 1. En effet, l'égalité :

$$10^0 = p \times q + \rho_0$$

traduit la division :

$$1 = p \times o + 1$$

4° Il résulte de ce qui précède que, pour obtenir le caractère de divisibilité de N par p, il faut d'abord déterminer les restes des divisions des différentes puissances de 10, par p.

93. *Théorème.* — *Lorsqu'on divise les puissances successives de 10 par un nombre, les restes se reproduisent périodiquement.*

Considérons les divisions des puissances successives de 10 par p :

(1)
$$\begin{aligned} 10^0 &= p \times q_0 + \rho_0 \\ 10_1 &= p \times q_1 + \rho_1 \\ 10_2 &= p \times q_2 + \rho_2 \\ &\cdots\cdots\cdots\cdots \\ 10^n &= p \times q_n + \rho_n \end{aligned}$$

Les restes $\rho_0, \rho_1, \rho_2 \ldots\ldots \rho_n$ étant tous inférieurs à p, au bout de p divisions, au plus, on devra trouver un reste déjà obtenu.

Pour établir la périodicité de ces restes, il suffit de montrer que *les restes qui suivent deux restes égaux sont égaux.*

Soient 10^h, 10^k, deux puissances de 10 qui fournissent le même reste, on a :

$$\begin{aligned} 10^h &= p \times q_h + \rho_h \\ 10^k &= p \times q_k + \rho_k \\ \rho_h &= \rho_k \end{aligned} \qquad (2)$$

Considérons les puissances de 10, qui suivent 10^h, 10^k :

$$\begin{aligned} 10^{h+1} &= p \times q_{h+1} + \rho_{h+1} \\ 10^{k+1} &= p \times q_{k+1} + \rho_{k+1} \end{aligned} \qquad (3)$$

Les restes des divisions (2) étant égaux, c'est que la différence :

$$(10^k - 10^h)$$

des deux dividendes est un multiple de p (n° 33).

Considérons la différence :

$$(10^{k+1} - 10^{h+1})$$

nous pouvons l'écrire :

$$10^{k+1} - 10^{h+1} = 10\,(10^k - 10^h)$$

Le second membre de cette égalité étant un multiple de p, il en est de même du premier membre. Les nombres 10^{k+1}, 10^{h+1} différant d'un multiple de p, fourniront des restes égaux si on divise ces deux nombres par p.

Donc :

$$\rho_{h+1} = \rho_{k+1}$$

Ainsi, les restes qui suivent deux restes égaux sont égaux, il y a donc périodicité, de sorte que :

$$\rho_h = \rho_k$$
$$\rho_{h+1} = \rho_{k+1}$$
$$\rho_{h+2} = \rho_{k+2}$$
$$\cdots\cdots\cdots\cdots$$

95. — *Théorème. — Lorsqu'on divise les puissances successives de 10 par un nombre premier avec 10, les restes se redroduisent périodiquement à partir du premier de tous les restes,* ρ_0 *ou 1.*

Supposons que le nombre p soit premier avec 10, et considérons les divisions (1). Nous savons que les restes ρ_0, ρ_1 $\rho_2 \ldots \rho_n$ se reproduisent périodiquement partir de l'un d'entre eux. Pour établir que la périodicité commence au premier reste ρ_0, il suffit de montrer que *les restes qui précèdent deux restes égaux sont égaux.*

Soient encore 10^h, 10^k, deux puissances de 10 qui fournissent le même reste, dans les divisions (1) on a encore :

$$\rho_h = \rho_k$$

et la différence $(10^k - 10^h)$ est un multiple de p.

Considérons les puissances de 10 qui précèdent, respectivement, 10^h, 10^k et soient les divisions :

$$(4) \qquad \begin{aligned} 10^{h-1} &= p \times q_{h-1} + \rho_{h-1} \\ 10^{k-1} &= p \times q_{k-1} + \rho_{k-1} \end{aligned}$$

Nous pouvons écrire :

$$10^k - 10^h = 10\,(10^{k-1} - 10^{h-1})$$

Le nombre p divise le premier membre de cette égalité, il doit donc diviser le produit, $10(10^{k-1} - 10^{h-1})$. Or, p est premier avec 10, donc, il doit diviser le facteur :

$$(10^{k-1} - 10^{h-1})$$

La différence des deux nombres 10^{k-1}, 10^{h-1}, étant divisible par p, chacun de ces nombres, divisé par p, fournira le même reste (n° 33). Donc, on aura dans les divisions (4) :

$$\rho_{h-1} = \rho_{k-1}$$

Ainsi, les restes qui précèdent deux restes égaux sont égaux, de sorte qu'on a :

$$\begin{aligned} \rho_h &= \rho_k \\ \rho_{h-1} &= \rho_{k-1} \\ \rho_{h-2} &= \rho_{k-2} \\ &\cdots\cdots\cdots \\ \rho_0 &= \rho_{k-h} \end{aligned}$$

On voit donc que le premier reste reproduit est le premier de tous les restes; c'est ρ_0 ou 1. La période des restes commence alors par 1.

95. — *Conséquences.* — I. Dans la recherche des restes des divisions des différentes puissances de 10 par un nombre p, non premier avec 10, on pourra arrêter les divisions aussitôt qu'on arrivera à un reste déjà obtenu. On connaîtra, en effet, tous les restes suivants en raison de la périodicité de ces restes.

II. Si p est premier avec 10, on arrêtera les divisions aussitôt qu'on trouvera un second reste égal à 1, car la période des restes commence par le reste 1.

96. — *Remarque sur la recherche des restes.*

Soit à rechercher les restes des divisions des différentes puissances de 10 par 7. Le nombre 7, étant premier avec 10, le premier reste reproduit sera 1.

Au lieu d'effectuer, séparément, les divisions par 7 des nombres 1, 10, 100, etc.; on réunit toutes ces divisions en une seule par la disposition suivante :

	7
10000000000	0
10	1
30	4
20	2
60	8
40	5
50	7
1	

Ce tableau comprend, en effet, les divisions :

$$
\begin{array}{rcll}
10^0 \text{ ou } 1 & = & 7 \times 0 & +1 \\
10 & = & 7 \times 1 & +3 \\
100 & = & 7 \times 14 & +2 \\
1.000 & = & 7 \times 142 & +6 \\
10.000 & = & 7 \times 1.428 & +4 \\
100.000 & = & 7 \times 14.285 & +5 \\
1.000.000 & = & 7 \times 142.857 & +1
\end{array}
$$

La dernière division ayant fourni comme reste 1, nous avons arrêté les divisions et nous avons obtenu, pour la période des restes, les nombres :

1, 3, 2, 6, 4, 5

En procédant d'une façon analogue pour les nombres 2, 3, 4, 5, etc., nous avons obtenu les restes des divisions des différentes puissances de 10 par ces nombres. Nous avons réuni tous ces restes dans le tableau suivant :

97. — *Tableau des restes des divisions des puissances successives de 10 par les nombres simples :*

	2	3	4	5	6	7		8	9	11		12	13	
10^0	1	1	1	1	1	1	1	1	1	1	1	1	1	1
10^1	0	1	2	0	4	3	3	2	1	10	−1	10	10	−3
10^2	0	1	0	0	4	2	2	4	1	1	1	4	9	−4
10^3	0	1	0	0	4	6	−1	0	1	10	−1	4	12	−1
10^4	0	1	0	0	4	4	−3	0	1	1	1	4	3	3
10^5	0	1	0	0	4	5	−2	0	1	10	−1	4	4	4
10^6	0	1	0	0	4	1	1	0	1	1	1	4	1	1
10^7	0	1	0	0	4	3	3	0	1	10	−1	4	10	−3
10^8	0	1	0	0	4	2	2	0	1	1	1	4	9	−4
10^9	0	1	0	0	4	6	−1	0	1	10	−1	4	12	−1

Lecture du tableau. — Soit à obtenir le reste de la division de 10^3 par 12. On descendra la colonne intitulée 12 jusqu'à la ligne intitulée 10^3; le nombre 4, écrit à l'intersection de la ligne et de la colonne, donnera le reste de la division de 10^3 par 12.

Remarque. — Les colonnes 7, 11, 13 sont doubles. Considérons, par exemple, la colonne double intitulée 7. La première colonne contient les restes obtenus en divisant les puissances successives de 10 par 7. Dans la seconde colonne, on a remplacé les restes 6, 4 et 5 par les restes :

$$(-1), (-3), (-2)$$

obtenus en retranchant de 7 les nombres 6, 4 et 5. En effet, on peut écrire :

$$10^3 = \text{multiple de } 7 + 6$$

ou :

$$10^3 = \text{multiple de } 7 + (7 - 1)$$

ou enfin :

$$10^3 = \text{multiple de } 7 - 1$$

De même :

$$10^4 = \text{multiple de } 7 + 4 = \text{multiple de } 7 - 3$$
$$10^5 = \text{multiple de } 7 + 5 = \text{multiple de } 7 - 2$$

Enfin, les doubles colonnes 11 et 13 ont été formées d'une façon analogue.

Actuellement, à la seule inspection du tableau et en tenant compte de la formule générale :

$$(\alpha)\ N = \text{multiple de } p + A_n \times \rho_n ..... + A_2 \times \rho_2 + A_1 \times \rho_1 + A_0 \times \rho_0$$

nous pouvons conclure les caractères de divisibilité par chacun des nombres 2, 3, 4..... 13, inscrits dans le tableau.

Divisibilité par 2 et par 5

Les restes, relatifs à 2 et à 5 se réduisent au reste unique 1, les autres sont nuls; de sorte que dans la formule (α) il faudra faire :

$$\rho_0 = 1$$
$$\rho_1 = \rho_2 ..... = \rho_n = 0$$

elle deviendra :

$$N = \text{multiple de } 2 + A_0$$

ou :

$$N = \text{multiple de } 5 + A_0$$

Or, A_0 est le chiffre des unités du nombre.

Donc :

1° *Tout nombre est un multiple de 2 ou un multiple de 5, augmenté du chiffre de ses unités ;*

2° *Un nombre est divisible par 2 quand il est terminé par un zéro ou par un chiffre pair ;*

3° *Un nombre est divisible par 5 quand il est terminé par les chiffres 0 ou 5.*

Exemples. — Le nombre 4.038 est divisible par 2, puisqu'il est terminé par 8, chiffre pair.

Au contraire, 4.039 n'est pas divisible par 2 parce que le dernier chiffre 9, n'est pas divisible par 2.

De même, les nombres 450, 485 sont divisibles par 5, parce qu'ils sont terminés par les chiffres 0 ou 5.

Au contraire, le nombre 453 n'est pas divisible par 5, mais :

$$453 = \text{multiple de } 5 + 3$$

Divisibilité par 3 et par 9

Tous les restes des divisions des différentes puissances de 10 par 3 ou par 9 sont égaux à l'unité.

Dans la formule (α) il faudra supposer :

$$\rho_0 = \rho_1 = \rho_2 \ldots\ldots = \rho_n = 1$$

Elle deviendra :

$$N = \text{multiple de } 3 + A_n + A_{n-1} \ldots\ldots + A_2 + A_1 + A_0$$

ou :

$$N = \text{multiple de } 9 + A_n + A_{n-1} \ldots\ldots + A_2 + A_1 + A_0$$

Donc :

1° *Tout nombre est un multiple de 3 ou un multiple de 9 augmenté de la somme de ses chiffres ;*

2° *Un nombre est divisible par 3 ou par 9 quand la somme de ses chiffres est divisible par 3 ou par 9.*

Ex.: $435 = \text{multiple de } 3 + (4 + 3 + 5)$

$435 = \text{multiple de } 3 + 12$

435 est donc divisible par 3.

De même :

$$8.325 = \text{multiple de } 9 + (8+3+2+5)$$
$$= \text{multiple de } 9 + 18$$

8.325 est divisible par 9.

Au contraire, 8.323 n'est pas divisible par 9; en effet :

$$8.323 = \text{multiple de } 9 + (8+3+2+3)$$
$$— = — + 16$$
$$— = — + 9 + 7$$

Donc :

$$8.323 = \text{multiple de } 9 + 7$$

Divisibilité par 4

100. — Le tableau (97) montre que les restes relatifs à 4 sont :

$$\rho_0 = 1$$
$$\rho_1 = 2$$
$$\rho_2 = \rho_3 \ldots\ldots = \rho_n = 0$$

On aura, par conséquent :

$$N = \text{multiple de } 4 + A_0 + 2A_1$$

Donc :

Un nombre est divisible par 4 quand la somme obtenue, en additionnant le chiffre des unités et le double du chiffre des dizaines du nombre, est divisible par 4.

Exemple. — Soit le nombre 8.532 :

$$8.532 = \text{multiple de } 4 + 2 + 3 \times 2$$
$$= \text{multiple de } 4 + 8$$

8.532 est donc divisible par 4.

Divisibilité par 6

101. — Le tableau (97) montre que les restes relatifs à 6 sont :

$$\rho_0 = 1$$
$$\rho_1 = \rho_2 = \rho_3 \ldots\ldots = \rho_n = 4$$

donc :

$$N = \text{multiple de } 6 + A_0 + 4\,(A_1 + A_2 \ldots\ldots + A_n)$$

Par conséquent :

1° *Tout nombre est un multiple de 6 augmenté du chiffre des unités et de 4 fois la somme des autres chiffres;*

2° *Tout nombre est divisible par 6 quand la somme obtenue, en additionnant le chiffre des unités et 4 fois la somme des autres chiffres est divisible par 6.*

Exemple. — Soit le nombre 8.532 :

$$\begin{aligned} 8.532 &= \text{multiple de } 6 + 2 + 4\,(3 + 5 + 8) \\ &= \text{multiple de } 6 + 66 \end{aligned}$$

Ainsi, le nombre 8.532 est divisible par 6.

Divisibilité par 7

En prenant la seconde des colonnes intitulées 7, dans le tableau (97), on voit que les restes relatifs à 7 sont :

$$1,\ 3,\ 2,\ -1,\ -3,\ -2,\ 1,\ 3,\ 2.....$$

Partageons le nombre en tranches de 3 chiffres, multiplions les unités, dizaines et centaines de chacune des tranches, respectivement par les nombres 1, 3, 2. Additionnons tous les résultats obtenus, d'une part, pour les tranches de rang impair; d'autre part, pour les tranches de rang pair. Retranchons la seconde somme de la première, si le résultat obtenu est divisible par 7, le nombre est divisible par 7; sinon, en divisant ce résultat par 7, on aura le reste de la division du nombre par 7.

Exemple. — Soit à reconnaître si le nombre 576.975 est divisible par 7.

$$\begin{aligned} 576.975 &= \text{multiple de } 7 + (5 \times 1 + 7 \times 3 + 9 \times 2) - (6 \times 1 + 7 \times 3 + 5 \times 2) \\ &= \text{multiple de } 7 + 44 - 37 \\ &= \text{multiple de } 7 + 7 \end{aligned}$$

Le nombre 576.975 est donc multiple de 7.

Divisibilité par 8

Les restes relatifs à 8 sont, d'après le tableau (97) :

$$\begin{aligned} \rho_0 &= 1 \\ \rho_1 &= 2 \\ \rho_2 &= 4 \\ \rho_3 &= \rho_4 ..... = \rho_n = 0 \end{aligned}$$

Donc :

$$N = \text{multiple de } 8 + A_0 + 2A_1 + 4A_2$$

1° *Tout nombre est un multiple 8 augmenté du chiffre des unités, du double du chiffre des dizaines et du quadruple du chiffre des centaines.*

2° *Un nombre est divisible par 8 quand, en additionnant le chiffre des unités, le double du chiffre des dizaines et le quadruple du chiffre des centaines, on forme une somme divisible par 8.*

Exemple. — Soit le nombre 4.384 :

$$\begin{aligned} 4.384 &= \text{multiple de } 8 + (4 + 8 \times 2 + 3 \times 4) \\ &= \text{multiple de } 8 + 32 \end{aligned}$$

Le nombre 4.384 est divisible par 8.

Divisibilité par 11

104. — La seconde des colonnes intitulées 11 dans le tableau (97), montre que les restes relatifs à 11 sont alternativement 1 et (— 1), de sorte que :

$$\begin{aligned} \rho_0 &= 1 \\ \rho_1 &= -1 \\ \rho_2 &= 1 \\ \rho_3 &= -1 \\ &\ldots\ldots\ldots\ldots \end{aligned}$$

et :

$$N = \text{multiple de } 11 \pm A_n \mp A_{n-1} \ldots\ldots + A_2 - A_1 + A_0$$

Donc :

1° *Tout nombre est un multiple de 11, augmenté de la somme des chiffres de rang impair, à partir de la droite, et diminué de la somme des chiffres de rang pair.*

2° *Un nombre est divisible par 11 quand la somme des chiffres de rang impair, à partir de la droite, diminuée de la somme des chiffres de rang pair est 0, 11 ou un multiple de 11.*

Soit à reconnaître si le nombre 43.879 est divisible par 11.

D'après ce qui précède, on a :

$$\begin{aligned} 43.879 &= \text{multiple de } 11 + (9 + 8 + 4) - (7 + 3) \\ &= \text{multiple de } 11 + \quad 21 \quad - \quad 10 \\ &= \text{multiple de } 11 + \quad 11 \end{aligned}$$

Ainsi, le nombre 43.879 est un multiple de 11. Considérons maintenant le nombre 645.867.

On a

$$\begin{aligned} 645.867 &= \text{multiple de } 11 + (7 + 8 + 4) - (6 + 5 + 6) \\ &= \text{multiple de } 11 + 19 - 17 \\ &= \text{multiple de } 11 + 2 \end{aligned}$$

Si donc, on divise le nombre 645.867 par 11, le reste de la division sera 2.

Remarque. — Lorsque la somme des chiffres de rang impair est inférieure à la somme des chiffres de rang pair, on peut augmenter la première somme d'un multiple de 11 afin de pouvoir effectuer la soustraction.

Soit le nombre 8.652, on a :

$$\begin{aligned} 8.652 &= \text{multiple de } 11 + (2 + 6) - (5 + 8) \\ &= \text{multiple de } 11 + 8 - 13 \\ &= \text{multiple de } 11 + (8 + 11) - 13 \\ &= \text{multiple de } 11 + 6 \end{aligned}$$

Divisibilité par 12

Les restes relatifs à 12 sont (nº 97) :

$$\rho_0 = 1$$
$$\rho_1 = 10$$
$$\rho_2 = \rho_3 \dots = \rho_n = 4$$

De sorte que la formule α donne :

$$N = \text{multiple de } 12 + A_0 + 10A_1 + 4(A_2 \dots + A_n)$$

Or, $A_0 + 10A_1$, c'est le nombre formé par les deux derniers chiffres à droite du nombre, par conséquent :

1º *Tout nombre est un multiple de 12, augmenté du nombre formé par les deux derniers chiffres à droite, et de quatre fois la somme de tous les autres chiffres.*

2º *Un nombre est divisible par 12 quand la somme obtenue, en ajoutant le nombre formé par les deux derniers chiffres, au quadruple de la somme de tous les autres chiffres, est divisible par 12.*

Exemple. — Soit le nombre 43.224.

$$\begin{aligned} 43.224 &= \text{multiple de } 12 + 24 + 4(2 + 3 + 4) \\ &= \text{multiple de } 12 + 24 + 36 \\ &= \text{multiple de } 12 + 60 \end{aligned}$$

Ce nombre est donc un multiple de 12.

Divisibilité par 13

Le tableau (97), montre que les restes relatifs à 13 sont (le premier reste ρ_0 étant mis à part) les nombres :

$$-3, -4, -1, 3, 4, 1.....$$

Séparons le dernier chiffre à droite du nombre. Divisons le nombre restant en tranches de trois chiffres. Multiplions les unités, les dizaines et les centaines de chacune de ces tranches respectivement par les nombres 3, 4, 1. Additionnons tous les résultats obtenus pour les tranches de rang impair, d'une part, et pour les tranches de rang pair, d'autre part; puis, retranchons la première somme de la seconde. Enfin, ajoutons le chiffre des unités à la différence trouvée. Si le résultat final est 0, 13 ou un multiple de 13, le nombre est divisible par 13; sinon, le reste de la division du nombre par 13 sera le même que le reste de la division du résultat trouvé par 13.

§ II. — CARACTÈRES DE DIVISIBILITÉ RÉSULTANT DE LA DÉCOMPOSITION DES NOMBRES EN TRANCHES DE DEUX CHIFFRES

Divisibilité par 3, 9, 11, 33, 99

107. — 1° Soit un nombre N; décomposons-le en tranches de deux chiffres à partir de la droite et désignons par A, B, C..... L les nombres formés par ces différentes tranches, nous aurons :

$$N = L \times 10^{2n} ..... + C \times 10^4 + B \times 10^2 + A \times 10^0$$

2° Considérons un diviseur p du nombre $10^2 - 1$:

$$10^2 - 1 = \text{multiple de } p$$
$$10^2 = \text{multiple de } p + 1$$

Multiplions les deux membres de cette égalité par 10^2, nous aurons :

$$10^4 = \text{multiple de } p + 10^2$$

ou :

$$10^4 = \text{multiple de } p + 1$$

Et, en général, si :

$$10^{2(n-1)} = \text{multiple de } p + 1$$

En multipliant les deux membres de l'égalité par 10^2, on aura :

$$10^{2n} = \text{multiple de } p + 10^2$$

ou :

$$10^{2n} = \text{multiple de } p + 1$$

Ainsi, *p étant un diviseur de $10^2 - 1$, toutes les puissances paires de 10 seront de multiples de* p *plus 1.*

3° Considérons le nombre $L \times 10^{2n}$, nous pouvons écrire les deux égalités suivantes :

$$10^{2n} = \text{multiple de } p + 1$$
$$L \times 10^{2n} = \text{multiple de } p + L$$

Donc : *Tout nombre L suivi d'un nombre pair de zéros est un multiple de* p *plus L.*

4° *Conséquence.* — Reprenons l'égalité :

$$N = L \times 10^{2n} \ldots\ldots + C \times 10^4 + B \times 10^2 + A \times 10^0$$

D'après ce qui précède :

$$\begin{array}{rcccl}
 & L \times 10^{2n} & = & \text{multiple de } p & + L \\
 & \ldots\ldots & & \ldots\ldots\ldots\ldots\ldots & \\
 & C \times 10^4 & = & - & + C \\
 & B \times 10^2 & = & - & + B \\
 & A \times 10^0 & = & - & + A \\
\hline
\text{Additionnons :} & N & = & - & + A + B + C \ldots\ldots + L
\end{array}$$

C'est-à-dire : *Tout nombre est un multiple de* p, *plus la somme des tranches de deux chiffres formées dans le nombre à partir de la droite.*

108. — Formons les différents diviseurs de $10^2 - 1$:

$$10^2 - 1 = 99 = 3^2 \times 11$$

Prenons le tableau :

1, 3, 9
1, 11

Multiplions chacun des nombres de la première ligne par chacun des nombres de la seconde, nous obtiendrons tous les diviseurs de 99, ce sont les nombres :

1, 3, 9, 11, 33, 99

En *conséquence :*

1° *Tout nombre est un multiple de l'un des nombres 3, 9, 11, 33, 99, plus la somme des tranches de deux chiffres formées dans le nombre à partir de la droite.*

2° *Le caractère de divisibilité d'un nombre par 3, 9, 11, 33 ou 99 est que la somme des tranches de deux chiffres formées dans le nombre, à partir de la droite, soit divisible par l'un de ces nombres.*

3° *Le reste de la division d'un nombre par 3, 9, 11, 33 ou 99 s'obtiendra, en divisant par ces nombres, la somme des tranches de deux chiffres formées dans le nombre.*

Exemple. — Reconnaître si le nombre 2.182.543 est divisible par 11.

Décomposons ce nombre en tranches de deux chiffres à partir de la droite, nous obtenons les tranches :

43, 25, 18, 2

Donc :

$$2.182.543 = \text{multiple de } 11 + (43 + 25 + 18 + 2)$$
$$- \quad = \quad - \quad + 88$$

Le nombre proposé est un multiple de 11.

De même :

$$2{,}182.543 = \text{multiple de } 9 + 88$$
$$- \quad = \quad - \quad + 81 + 7$$
$$- \quad = \quad - \quad + 7$$

Donc, si l'on divise le nombre proposé par 9, on obtiendra comme reste 7.

§ III. — CARACTÈRES DE DIVISIBILITÉ RÉSULTANT DE LA DÉCOMPOSITION DES NOMBRES EN TRANCHES DE TROIS CHIFFRES

Divisibilité par 3, 9, 27, 37, 111, 333, 999

109. — 1° Soit un nombre N, décomposons-le en tranches de 3 chiffres à partir de la droite et désignons encore par A, B, C..... L, les nombres formés par ces différentes tranches, nous aurons :

$$N = L \times 10^{3p} \ldots\ldots + C \times 10^6 + B \times 10^3 + A\ 10^0$$

2° Considérons un diviseur p du nombre $10^3 - 1$, nous établirons, comme précédemment (nº 107), que *toute puissance de 10, dont l'exposant est divisible par 3, est un multiple de* p *plus 1*, de sorte que :

$$10^{3n} = \text{multiple de } p + 1$$

3º Nous verrons de même que :

$$L \times 10^{3n} = \text{multiple de } p + L$$

4º On pourra écrire :

$$\begin{array}{lrcccl}
 & L \times 10^{3n} & = & \text{multiple de } p & + & L \\
 & \cdots\cdots & & \cdots\cdots\cdots\cdots & & \\
 & C \times 10^{6} & = & - & + & C \\
 & B \times 10^{3} & = & - & + & B \\
 & A \times 10^{0} & = & - & + & A \\
\hline
\text{Additionnons :} & N & = & - & + & A + B + C \ldots\ldots + L
\end{array}$$

C'est-à-dire : *Tout nombre est un multiple de* p, *plus la somme des tranches de trois chiffres formées dans le nombre à partir de la droite.*

110. — Formons les différents diviseurs de $10^3 - 1$:

$$10^3 - 1 = 999 = 3^3 \times 37$$

Prenons le tableau (nº 80) :

1, 3, 9, 27
1, 37

Multiplions chacun des nombres de la première ligne par chacun des nombres de la seconde, nous obtiendrons tous les diviseurs de 999, ce sont les nombres :

1, 3, 9, 27, 37, 111, 333, 999

En conséquence :

1º *Tout nombre est un multiple de l'un des nombres 3, 9, 27, 37, etc., plus la somme des tranches de trois chiffres formées dans le nombre à partir de la droite.*

2º *Le caractère de divisibilité d'un nombre par 3, 9, 27, 37, etc., est que la somme des tranches de trois chiffres formées dans le nombre soit divisible par l'un de ces nombres.*

3º *Le reste de la division d'un nombre par :*

3, 9, 27, 37, 111, 333, 999

s'obtiendra en divisant par ces nombres, la somme des tranches de trois chiffres formées dans le nombre à partir de la droite.

Exemple. — Reconnaître si le nombre 32.042 est divisible par 37.

Décomposons ce nombre en tranches de trois chiffres à partir de la droite, nous obtenons les tranches :

$$32,\ 042$$

donc :

$$\begin{aligned} 32.042 &= \text{multiple de } 37 + 32 + 42 \\ &= \quad \text{—} \quad + 74 \end{aligned}$$

Donc, le nombre proposé est multiple de 37.

Divisibilité par 7, 11, 13, 77, 91, 143, 1.001

111. — Considérons maintenant un diviseur de $10^3 + 1$:

$$10^3 + 1 = 1.001 = 7 \times 11 \times 13$$

Formons tous les diviseurs de 1.001, ce sont les nombres :

$$1, 7, 11, 13, 77, 91, 143, 1.001$$

Soit p l'un quelconque de ces diviseurs :

$$\begin{aligned} 1.001 &= \text{multiple de } p \\ 10^3 &= \text{multiple de } p - 1 \end{aligned}$$

Multiplions les deux membres de cette égalité par 10^3 :

$$10^6 = \text{multiple de } p - 10^3$$

Remplaçons 10^3 par multiple de $p - 1$, nous obtiendrons :

$$10^6 = \text{multiple de } p + 1$$

On aura de même :

$$\begin{aligned} 10^9 &= \text{multiple de } p - 1 \\ 10^{12} &= \text{multiple de } p + 1 \end{aligned}$$

Donc :

1° *Les puissances de 10, dont l'exposant est divisible par 3, sont des multiples de* p *augmentées ou diminuées d'une unité, selon que les exposants de la puissance de 10 sont pairs ou impairs.*

2° Considérons le nombre $L \times 10^{3n}$, nous aurons :

$$L \times 10^{3n} = \text{multiple de } p \pm 1$$

Nous prendrons le signe (+) si n est pair et le signe (—) si n est impair.

3° Soit le nombre N décomposé en tranches de trois chiffres à partir de la droite :

$$N = L \times 10^{3n} \ldots\ldots + C \times 10^6 + B \times 10^3 + A \times 10^0$$

Nous pouvons écrire :

$$\begin{array}{lcll} L \times 10^{3n} & = & \text{multiple de } p & \pm L \\ \ldots\ldots & & \ldots\ldots\ldots\ldots & \\ C \times 10^6 & = & - & + C \\ B \times 10^3 & = & - & - B \\ A \times 10^0 & = & - & + A \\ \hline N & = & - & + A - B + C \ldots\ldots \pm L \end{array}$$

Additionnons :

112. — *En conséquence :*

1° *Tout nombre est un multiple de l'un des nombres :*

7, 11, 13, 77, 91, 143, 1.001

augmenté de l'excès de la somme des tranches de rang impair sur la somme des tranches de rang pair.

2° *Le caractère* de divisibilité d'un *nombre par l'un quelconque des nombres 7, 11, 13, 77..... 1.001, est que l'excès de la somme des tranches de rang impair sur la somme des tranches de rang pair, soit divisible par le diviseur considéré.*

3° *Pour obtenir le reste de la division d'un nombre par l'un des nombres 7, 11, 13..... 1.001, il suffit de déterminer le reste de la division par ce nombre de l'excès de la somme des tranches de rang impair sur la somme des tranches de rang pair.*

Exemple. — Reconnaître si le nombre 23.458.327 est divisible par 13.

Décomposons ce nombre en tranches de trois chiffres à partir de la droite, nous obtenons les tranches :

327, 458, 23

De sorte que :

$$\begin{array}{lcll} 23.458.327 & = & \text{multiple de } 13 & + (327 + 23) - 458 \\ & = & \text{»} & + 350 - 458 \\ & = & \text{»} & - 108 \\ & = & \text{»} & - (104 + 4) \end{array}$$

104 est un multiple de 13, et si l'on remplace 4 par (13 — 9), on aura :

$$23.458.327 = \text{multiple de } 13 + 9$$

Le nombre 23.458.327 n'est pas divisible par 13, le reste de la division sera 9.

Problème. — Étant donnée la relation :

$$1.000 = 27 \times 37 + 1$$

En déduire le caractère de divisibilité des nombres par 27 ou par 37.

Ce caractère résulte immédiatement du nº 110. Les nombres 27 et 37 sont des diviseurs de $10^3 - 1$, par conséquent : Tout nombre sera divisible par 27 ou par 37, lorsque la somme des tranches de trois chiffres, formées dans le nombre à partir de la droite, sera divisible par 27 ou par 37.

§ IV. — CARACTÈRES DE DIVISIBILITÉ RÉSULTANT DE LA DÉCOMPOSITION DES NOMBRES EN DEUX PARTIES

De la forme : $A \times 10^q + B$

Divisibilité par 2, 5, 4, 25, 8, 125, etc.

113. — Soit un nombre quelconque N ; séparons les q derniers chiffres à la droite du nombre, désignons par B le nombre ainsi formé, et par A le nombre formé par les autres chiffres à gauche, nous pourrons mettre le nombre N sous la forme :

(1) $$N = A \times 10^q + B$$

Prenons, par exemple, le nombre 4.358.436, séparons les quatre derniers chiffres à droite, nous pouvons écrire :

$$4.358.456 = 435 \times 10^4 + 8.456$$

Considérons maintenant un diviseur p de 10^q, nous aurons :

$$N = \text{multiple de } p + B$$

Si p divise B, il divisera aussi le nombre N et réciproquement (nº 41). D'où les conséquences :

1º *Le caractère de divisibilité d'un nombre par* p *est que B soit divisible par* p.

2º *Le reste de la division d'un nombre par* p *est le même que le reste de la division de B par* p.

Divisibilité par 2 et par 5

En séparant le dernier chiffre à droite du nombre N, ou en faisant $q = 1$ dans la formule (1), on aura :

$$N = A \times 10 + B$$

D'ailleurs, les diviseurs de 10 sont les nombres 2 et 5, donc :

1° *Tout nombre est un multiple de 2 ou un multiple de 5, augmenté du dernier chiffre situé à la droite du nombre.*

2° *Un nombre est divisible par 2 ou par 5 quand son dernier chiffre à droite est divisible par 2 ou par 5.*

Exemples. — I. Soit le nombre 458 :

$$458 = \text{multiple de } 2 + 8$$

Ainsi, 458 est un multiple de 2 parce que son dernier chiffre, à droite, est pair.

II. De même, soit le nombre 465 :

$$465 = \text{multiple de } 5 + 5$$

Et ce nombre est divisible par 5.

III. Considérons enfin le nombre 468 :

$$468 = \text{multiple de } 5 + 8$$
$$= \quad - \quad + 8$$

Le reste de la division de 468 par 5 sera 8, ce sera par conséquent le reste obtenu en divisant par 5 le dernier chiffre situé à la droite du nombre.

Divisibilité par 4 et par 25

Si l'on sépare les deux derniers chiffres à droite du nombre N, ou si l'on fait $q = 2$ dans la formule (1), on obtient :

$$N = A \times 100 + B$$

Or, les nombres 4 et 25 sont des diviseurs de 100, donc :

1° *Tout nombre est un multiple de 4 ou de 25 augmenté du nombre formé par les deux derniers chiffres à droite du nombre.*

2° *Un nombre est divisible par 4 ou par 25 quand le nombre formé par ses deux derniers chiffres à droite est divisible par 4 ou par 25.*

Exemples. — I. Soit le nombre 4.932 :

$$4.932 = 4.900 + 32 = \text{multiple de } 4 + 32$$

Le nombre 32, formé par les deux derniers chiffres du nombre étant divisible par 4, le nombre 4.932 est divisible par 4.

II. De même, considérons le nombre 4.975 :

$$4.975 = \text{multiple de } 25 + 75$$

Ce nombre est donc divisible par 25.

III. Considérons encore le nombre 53.483 :

$$\begin{aligned} 53.483 &= \text{multiple de } 4 + 83 \\ &= \text{multiple de } 4 + 3 \end{aligned}$$

Le reste de la division par 4 du nombre 53.483 est 3. On obtient ce reste en divisant par 4 le nombre 83, formé par les deux derniers chiffres à droite du nombre.

Divisibilité par 8 et par 125

Faisons encore $q = 3$ dans la formule (1) (n° 113), nous obtenons :

$$N = A \times 10^3 + B$$

Nous verrons, comme précédemment, que *le caractère de divisibilité d'un nombre par 8 ou par 125 est que le nombre formé par les trois derniers chiffres, à droite du nombre, soit divisible par 8 ou par 125.*

Soit, par exemple, le nombre 45.816 :

$$\begin{aligned} 45.816 &= 45.000 + 816 \\ &= \text{multiple de } 8 + 816 \end{aligned}$$

816 étant divisible par 8, le nombre 45.816 est aussi divisible par 8.

§ V. — APPLICATIONS

117. — *Remarques.* — I. On peut obtenir de nouveaux caractères de divisibilité au moyen du théorème précédemment établi (n° 55).

Lorsqu'un nombre est divisible séparément par plusieurs nombres premiers entre eux deux à deux, il est divisible par leur produit.

Ainsi, un nombre sera divisible par 15 s'il est divisible par 3 et par 5. Le caractère de divisibilité par 15 s'obtiendra en réunissant les deux caractères de divisibilité par 3 et par 5, donc :

Un nombre est divisible par 15 quand il est terminé par les chiffres 0 ou 5, et quand la somme de tous ses chiffres est divisible par 3.

De même, un nombre sera divisible par 12 s'il est divisible à la fois par 3 et par 4.

Il sera divisible par 18 s'il est divisible à la fois par 2 et par 9, etc.

II. *De deux nombres consécutifs, l'un est pair.*

Soient N et N + 1 deux nombres consécutifs, si N est impair, N + 1 sera pair. (N° 71.) Donc, le *produit de deux nombres consécutifs est toujours divisible par 2.*

III. — *De trois nombres consécutifs, l'un est divisible par 3.*

Soient les trois nombres consécutifs :

$$N, \ N+1, \ N+2$$

Il résulte, de la numération même, que tout nombre N rentre dans l'une des trois formes :

N = multiple de 3
N = multiple de 3 + 1
N = multiple de 3 — 1

En effet, les nombres entiers successifs peuvent s'écrire, à partir d'un multiple de 3 :

$$3K, \ 3K+1, \ 3K+2, \ 3(K+1).....$$

Si l'on remarque que $3K+2$ peut se remplacer par $3(K+1)-1$, on voit que tout nombre rentre dans l'une des formes :

$$3K, \ 3K+1, \ 3K-1$$

Examinons chacune de ces hypothèses :

1° $N = 3K$......... N = multiple de 3
2° $N = 3K - 1$... $N + 1$ = multiple de 3
3° $N = 3K + 1$... $N + 2$ = multiple de 3

Donc, dans tous les cas, l'un des trois nombres consécutifs :

$$N, \ N+1, \ N+2$$

est divisible par 3; par conséquent, le *produit de trois nombres consécutifs est toujours divisible par 3.*

118. — *Le produit de trois nombres consécutifs est toujours divisible par 6.*

Soit le produit :

$$P = N(N+1)(N+2)$$

D'après ce qui précède, le produit P de trois nombres consécutifs est divisible par 3; P contient aussi le produit $N(N+1)$ de deux nombres consécutifs, il est donc divisible par 2. P, étant divisible par les nombres 2 et 3 premiers entre eux, est divisible par leur produit 6.

119. — *Le produit de deux nombres pairs consécutifs est toujours divisible par 8.*

Deux nombres pairs consécutifs peuvent s'écrire :

$$2N,\ 2N+2$$

ou :

$$2N,\ 2(N+1)$$

Considérons leur produit P :

$$P = 2.N \times 2(N+1) = 2^2 \times N(N+1)$$

Ainsi, le produit P contient déjà le facteur 2^2, or, le produit $N(N+1)$ contient aussi le facteur 2, donc P contiendra le facteur 2^3 ou 8.

120. — *Le produit de trois nombres pairs consécutifs est divisible par 48.*

Soient les trois nombres pairs consécutifs :

$$2N,\ 2N+2,\ 2N+4$$

ou :

$$2.N,\ 2(N+1),\ 2(N+2)$$

Formons leur produit P :

$$P = 2N \times 2(N+1) \times 2(N+2)$$
$$P = 2^3.N.(N+1)(N+2)$$

Or, le produit $N(N+1)(N+2)$ est le produit de trois nombres consécutifs, donc ce produit contient le facteur 6, donc P, qui contient déjà 2^3, contiendra $2^3 \times 6$ et sera divisible par $2^3 \times 6$, c'est-à-dire par 48.

121. — *Si l'on multiplie le produit de deux nombres consécutifs par la somme de ces nombres, le produit obtenu est divisible par 6.*

Soient N, $N+1$ les deux nombres consécutifs, leur somme est $2N+1$; il faut montrer que le produit $N(N+1)(2N+1)$ est divisible par 6.

Or, le produit $N(N+1)$ contient le facteur 2, il reste à montrer que l'un des nombres N, $N+1$, $2N+1$ contient le facteur 3. On a vu que le nombre N est l'une des trois formes :

$$3K,\ 3K+1,\ 3K-1$$

Examinons chacune de ces hypothèses.

1° $N = 3K$......... $N = $ multiple de 3
2° $N = 3K + 1$... $2N + 1 = $ multiple de 3
3° $N = 3K - 1$... $N + 1 = $ multiple de 3

Ainsi, dans tous les cas, l'un des nombre N, $N + 1$, $2N + 1$ est divisible par 3, donc leur produit, étant divisible par les nombres 2 et 3 premiers entre eux, est divisible par leur produit 6.

122. — *Le carré d'un nombre premier est un multiple de 24 augmenté d'une unité.*

Soit N un nombre premier, il faut montrer que :

$$N^2 = \text{multiple de } 24 + 1$$

ou :

$$N^2 - 1 = \text{multiple de } 24$$
$$(N - 1)(N + 1) = \text{multiple de } 24$$

Or :

$$24 = 2^3 \times 3$$

Il faut donc établir que le produit $(N - 1)(N + 1)$ est divisible séparément par les nombres 2^3 et 3. N, étant un nombre premier, est nécessairement impair, $N - 1$ et $N + 1$ sont, par suite, deux nombres pairs consécutifs et leur produit est divisible par 2^3 (n° 119).

De plus, N, n'étant pas divisible par 3, est de l'une des formes, $3K - 1$, $3K + 1$ (n° 117). Examinons ces deux hypothèses :

1° $N = 3K - 1$..... $N + 1 = $ multiple de 3
2° $N = 3K + 1$..... $N - 1 = $ multiple de 3

Donc, dans les deux cas, l'un des nombres $N + 1$ ou $N - 1$ est un multiple de 3. Par conséquent, le produit $(N - 1)(N + 1)$ étant divisible séparément par les nombres 2^3 et 3, premiers entre eux, est divisible par $2^3 \times 3$ ou par 24.

123. — *Démontrer que l'expression* $n^{10} - n^8 - n^4 + n^2$ *est divisible par 4.032 lorsque* n *est un nombre impair.*

Décomposons le nombre 4.032 en ses facteurs premiers :

$$4.032 = 2^6 \times 3^2 \times 7$$

Il faut donc établir que l'expression considérée contient les facteurs :

$$2^6, 3^2, 7$$

Or :

$$\begin{aligned} n^{10} - n^8 - n^4 + n^2 &= n^{10} - n^4 - (n^8 - n^2) \\ - \quad &= n^4(n^6 - 1) - n^2(n^6 - 1) \\ - \quad &= n^2(n^6 - 1)(n^2 - 1) \qquad (1) \end{aligned}$$

D'ailleurs :

$$n^6 - 1 = (n^3 - 1)(n^3 + 1) = (n - 1)(n^2 + n + 1)(n + 1)(n^2 - n + 1)$$
$$n^2 - 1 = (n - 1)(n + 1)$$

Donc :

$$n^{10} - n^8 - n^4 + n^2 = (n^2 + n + 1)(n^2 - n + 1)[n(n - 1)(n + 1)]^2 \quad (2)$$

Sous la forme (2), on voit que l'expression $n^{10} - n^8 - n^4 + n^2$ contient le carré du produit $n(n - 1)(n + 1)$. Or, $(n - 1)$ et $(n + 1)$ sont deux nombres pairs consécutifs, leur produit contient le facteur 2^3, et le carré de ce produit contient 2^6.

De même, le produit $(n - 1)n(n + 1)$ est le produit de trois nombres consécutifs, il est donc divisible par 3 et le carré de ce produit contient le facteur 3^2.

Il reste à montrer que l'expression considérée contient le facteur 7. Prenons l'expression sous la forme (1) :

$$n^2(n^6 - 1)(n^2 - 1)$$

Si n est multiple de 7, le produit contiendra le facteur 7. Dans le cas contraire, n sera premier avec 7; par conséquent, d'après le théorème de Fermat (n° 86), 7 divise le facteur $n^6 - 1$.

Ainsi, l'expression considérée contient les facteurs 2^6, 3^2, 7 premiers entre eux deux à deux, elle est donc divisible par leur produit $2^6 \times 3^2 \times 7$ ou par 4.032.

§ VI. — PREUVES DES OPÉRATIONS ARITHMÉTIQUES

Addition

123. — Une conséquence importante des caractères de divisibilité des nombres par un diviseur quelconque p, est la vérification de l'exactitude des opérations arithmétiques.

Considérons, par exemple, la somme $A + B + C$ des trois nombres A, B, C.

Supposons déterminés les restes de la division de ces nombres par p, et soient R_1, R_2, R_3 les restes obtenus, nous aurons :

$$\begin{array}{rl} A = & \text{multiple de } p + R_1 \\ B = & \quad - \quad + R_2 \\ C = & \quad - \quad + R_3 \\ \hline \end{array}$$

Additionnons : $A + B + C = \quad - \quad + (R_1 + R_2 + R_3)$

Ainsi, comme vérification de l'addition, il faudra que *le total soit un multiple de* p, *plus le reste de la division par* p *de la somme des restes obtenus en divisant par* p *chacun des nombres considérés.*

Exemples. — I. Soit à faire la preuve par 9 de l'opération suivante :

3458 =	multiple de 9 + (3 + 4 + 5 + 8)................	Reste	2
2156 =	— + (2 + 1 + 5 + 6)................	»	5
5961 =	— + (5 + 9 + 6 + 1)................	»	3
11575 =	multiple de 9 + (1 + 1 + 5 + 7 + 5).........	Reste	2

Or, si l'on fait le total des restes, on trouve 10, c'est-à-dire un multiple de 9 + 1, le total étant aussi un multiple de 9 + 1, la vérification a lieu.

II. Soit à faire la preuve par 11 de l'opération suivante :

5483 =	multiple de 11 + (3 + 4) — (8 + 5)............	Reste	5
315 =	— + (5 + 3) — 1......................	»	7
2346 =	— + (6 + 3) — (4 + 2)............	»	3
15647 =	— + (7 + 6 + 1) — (4 + 5).......	»	5
23791 =	multiple de 11 + (1 + 7 + 2) — (9 + 3).......	Reste	9

Or, si l'on fait la somme des restes, on trouve 20, c'est-à-dire un multiple de 11 + 9. Ce résultat étant le même que pour le total, la vérification réussit.

Soustraction

124. — Soient les deux nombres A et B, R_1 et R_2 les restes de leur division par p, on a :

$$\begin{array}{rl} A = & \text{multiple de } p + R_1 \\ B = & \quad - \quad + R_2 \\ \hline \end{array}$$

Retranchons : $A - B = \text{multiple de } p + R_1 - R_2$

Le reste de la soustraction doit être un multiple de p *plus la différence des deux restes obtenus en divisant chacun des nombres par* p.

Remarque. — Si R_2 est supérieur à R_1, on peut ajouter p à R_1 pour rendre la soustraction possible.

Exemples. — Preuve par 9 d'une soustraction :

43526..........	Reste 2	Différence des restes........ = 1
8317..........	Reste 1	
35209..........	Reste 1	Reste de la différence.......... = 1

Preuve par 11 :

43526.........	Reste 10	Différence des restes .... = 9
8317.........	Reste 1	
35209.........	Reste 9	Reste de la différence.......... = 9

Multiplication

Soient encore les deux nombres A et B, R_1 et R_2 les restes de leur division par p, on a :

$$A = \text{multiple de } p + R_1$$
$$B = \text{multiple de } p + R_2$$

Multiplions ; $A \times B = \text{multiple de } p + R_1 \times R_2$

Le produit est un multiple de p, *augmenté du reste de la division par* p *du produit des restes obtenus en divisant chacun des deux nombres par* p.

Exemples. — I. Preuve par 9 d'une multiplication :

752...	Reste 5	Produit des restes 3 × 5 = 15. Reste 6
435...	Reste 3	
3760		
2256		
3008		
327120...	Reste du produit 6	

Comme vérification, ces deux restes doivent être égaux.

On donne à la vérification la disposition suivante :

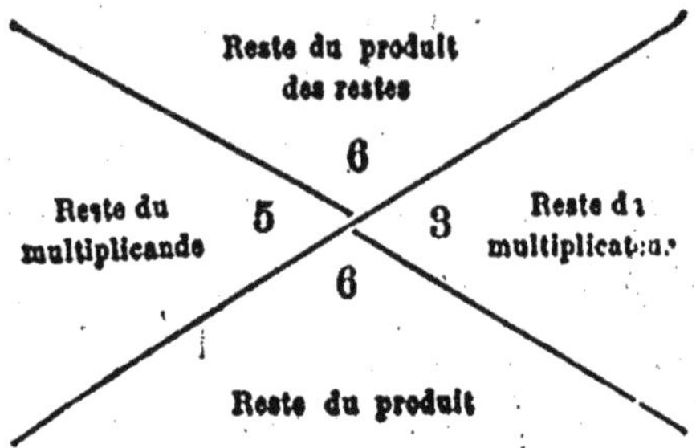

II. Preuve par 11 d'une multiplication :

1438....................	Reste 8
354....................	Reste 2
5752	
7190	
4314	
509052....	Reste du produit...... 5

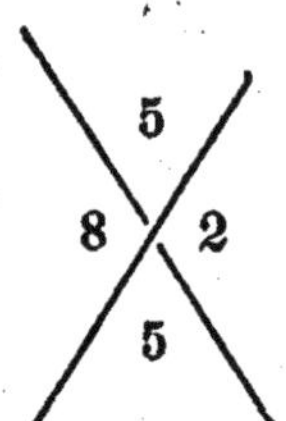

Division

126. — Considérons la division :

$$A = B \times Q + R$$

Désignons par R_1, R_2, R_3, R_4, les restes de la division par p des nombres A, B, Q, R.

Nous aurons :

$$m.\text{ de } p + R_1 = (m.p + R_2)(m.p + R_3) + m.p + R_4$$

Les nombres R_1 et $R_2 \times R_3 + R_4$ diffèrent d'un multiple de p. Si donc on divise par p le nombre $R_2 \times R_3 + R_4$, on doit trouver comme reste R_1.

Par conséquent, pour faire la preuve de la division par p, on cherchera les restes de la division par p du dividende, du diviseur, du quottien et du reste. On fera le produit des restes relatifs au diviseur et au quotient, on ajoutera au nombre obtenu le reste relatif au reste de la division, on divisera ce total par p, on devra retrouver le reste relatif au dividende.

Exemples. — I. Preuve par 9 de la division suivante :

35428	215	Reste du dividende	4
1392	164	— diviseur	8
1028		— quotient	2
168		— reste	6

$$8 \times 2 + 6 = 22\ldots\ldots \text{ Reste } 4$$

C'est précisément le reste relatif du dividende.

II. Preuve par 11 de la même division :

Reste du dividende	8
— diviseur	6
— quotient	10
— reste	3

$$6 \times 10 + 3 = 63\ldots\ldots \text{ Reste } 8$$

Ce reste est précisément le même que le reste relatif au dividende.

Remarques. — I. Ces preuves des opérations arithmétiques ne sont pas absolues, elles *peuvent réussir alors que les opérations sont inexactes.* Prenons, par exemple, la multiplication. Intervertissons deux ou plusieurs chiffres du produit, le total de ces chiffres restera le même et le reste de la division de ce total par p ne sera pas modifié. De même, si l'un des chiffres du produit est trop faible de k unités et qu'un autre soit trop fort de k unités, le total des chiffres du produit sera encore le même et on ne sera pas averti de l'erreur commise.

II. On choisit les nombres 9 et 11 pour faire la preuve des opérations, parce que les restes s'obtiennent rapidement et que leur recherche porte sur tous les chiffres du nombre. La preuve par 4 ou par 25, par exemple, n'aurait pas grande valeur, puisque les restes ne dépendent que du nombre formé par les deux derniers chiffres, les autres pouvant être quelconques.

CHAPITRE VI

Fractions ordinaires

§ I. — DÉFINITIONS. — PROPRIÉTÉS FONDAMENTALES

127. — Lorsqu'une grandeur ne contient pas un nombre exact de fois l'unité choisie pour la mesurer, la grandeur n'est pas entière; mais si elle contient un nombre exact de fois une partie aliquote de l'unité, c'est-à dire une des parties de l'unité supposée divisée en parties égales, on dit que la grandeur est *fractionnaire*, le nombre qui la représente est un *nombre fractionnaire* ou, plus simplement, une *fraction.*

Ainsi, tandis que les nombres entiers sont formés par la réunion de plusieurs unités de même espèce, *les nombres fractionnaires ou fractions sont formés par la réunion d'un certain nombre de parties aliquotes de l'unité* (n° 10).

Considérons une certaine longueur qui ne contient pas un nombre exact de mètres, mais qui contient un nombre exact de *douzièmes* de mètres, 27, par exemple. Le nombre mesurant la longueur considérée sera le nombre *fractionnaire* ou simplement *la fraction*:

$$\frac{27}{12} \text{ (27 douzièmes)}$$

Le nombre 12, qui indique en combien de parties égales l'unité a été divisée, est le *dénominateur* de la fraction; le nombre 27, qui indique combien la grandeur contient de parties aliquotes de l'unité, est le *numérateur*. Ces deux nombres, 27 et 12, s'appellent aussi les deux *termes* de la fraction.

Pour *écrire* une fraction, on écrit le numérateur, au-dessous on écrit le dénominateur et on sépare les deux nombres par un trait horizontal.

Par exemple, la fraction sept treizièmes s'écrit : $\frac{7}{13}$

Pour *lire* une fraction, on énonce d'abord le numérateur, puis le dénominateur, en le faisant suivre de la terminaison *ième*.

Par exemple, la fraction $\frac{5}{9}$ se lit cinq neuvièmes.

Il y a exception pour les dénominateurs 2, 3, 4, qui se lisent *demi, tiers, quart.* Ainsi, la fraction $\frac{3}{4}$ s'énonce trois quarts.

128. — *Principe.* — I. *De deux fractions qui ont le même dénominateur, la plus grande est celle qui a le plus grand numérateur.*

Soient les deux fractions :

$$\frac{5}{12}, \frac{7}{12}$$

Les dénominateurs étant égaux, les fractions représentent les mêmes parties aliquotes de l'unité, des douzièmes; la première fraction en contient 5, la seconde 7, donc la première fraction représente une grandeur inférieure à la grandeur représentée par la seconde fraction, par conséquent :

$$\frac{5}{12} < \frac{7}{12}$$

1° *Conséquence.* — *Une fraction est plus grande que l'unité, quand son numérateur est plus grand que son dénominateur; elle est plus petite que l'unité dans le cas contraire.*

En effet, l'unité peut se représenter par une fraction dont les deux termes sont égaux; ainsi, on peut écrire :

$$1 = \frac{4}{4} = \frac{12}{12} = \frac{20}{20}$$

Car, si l'on divise l'unité en 4, 12, 20 parties égales et si l'on prend chaque fois toutes les parties obtenues, on forme les fractions :

$$\frac{4}{4}, \frac{12}{12}, \frac{20}{20}$$

et chacune d'elles equivaut à l'unité.

Considérons maintenant une fraction dont le numérateur est supérieur au dénominateur, soit la fraction :

$$\frac{27}{12}$$

L'unité peut se représenter par la fraction $\frac{12}{12}$. Or, d'après le premier principe :

$$\frac{27}{12} > \frac{12}{12}$$

donc :

$$\frac{27}{12} > 1$$

De même, considérons une fraction dont le numérateur est inférieur au dénominateur, soit la fraction :

$$\frac{5}{9}$$

L'unité peut se représenter par la fraction $\frac{9}{9}$. Or, d'après le premier principe :

$$\frac{5}{9} < \frac{9}{9}$$

donc :

$$\frac{5}{9} < 1$$

Remarques. — I. Lorsqu'une fraction est plus petite que l'unité, c'est-à-dire quand son numérateur est plus petit que son numérateur, on lui réserve le nom de *fraction proprement dite.*

II. Lorsqu'une fraction est plus grande que l'unité, on peut la mettre sous la forme d'un nombre entier accompagné d'une fraction proprement dite.

Soit, en effet, la fraction :

$$\frac{27}{12}$$

L'unité contenant 12 douzièmes, autant de fois 12 sera contenu dans 27, autant d'unités se trouveront dans la fraction. Divisons 27 par 12 :

$$27 = 12 \times 2 + 3$$

La fraction $\frac{27}{12}$ contient 2 fois 12 douzièmes ou 2 unités, il reste en outre 3 douzièmes, donc :

$$\frac{27}{12} = 2 + \frac{3}{12}$$

ou $2\frac{3}{12}$ qu'on lit : deux unités, trois douzièmes.

D'où la règle :

Pour extraire les entiers d'une fraction, on divise le numérateur par le dénominateur, le quotient représente les entiers contenus dans la fraction, on fait suivre ce quotient d'une nouvelle fraction, ayant pour numérateur le reste et pour dénominateur, celui de la première fraction.

Ex.:

$$\frac{35}{6} = 5 + \frac{5}{6} \text{ ou } 5\frac{5}{6}$$

$$\frac{28}{3} = 9 + \frac{1}{3} \text{ ou } 9\frac{1}{3}$$

III. *Réciproquement.* — Un nombre entier joint à une fraction quelconque, peut être transformé en une seule fraction.

Soit un nombre composé de 3 unités et de la fraction $\frac{4}{7}$.

Chacune des unités du nombre équivaut à 7 septièmes, 3 unités contiendront (7×3) septièmes ou 21 septièmes. En tout, on aura $(21 + 4)$ ou 25 septièmes.

Donc :

$$3\frac{4}{7} = \frac{25}{7}$$

D'où la règle :

Pour transformer un nombre entier joint à une fraction en une seule fraction, on multiplie le nombre entier par le dénominateur de la fraction, on ajoute au produit le numérateur de la fraction, et on donne au total, comme dénominateur, celui de la fraction.

Ex.:

$$4\frac{3}{5} = \frac{4 \times 5 + 3}{5} = \frac{23}{5}$$

$$6\frac{3}{4} = \frac{6 \times 4 + 3}{4} = \frac{27}{4}$$

2° *Conséquence. — Lorsqu'on augmente le numérateur d'une fraction sans changer le dénominateur, la fraction augmente. Au contraire, la fraction diminue lorsqu'on diminue son numérateur, le dénominateur restant fixe.*

129. — *Principe.* — II. *Lorsqu'on multiplie ou lorsqu'on divise le numérateur d'une fraction par un nombre entier, la fraction est multipliée ou divisée par ce nombre.*

Soit la fraction :

$$\frac{5}{8}$$

Multiplions son numérateur par 3, nous obtenons la fraction :

$$\frac{15}{8}$$

Le dénominateur étant le même pour les deux fractions $\frac{5}{8}$ et $\frac{15}{8}$, elles représentent des parties aliquotes de même nature, des huitièmes, chacune de ces parties a donc la même valeur. La première fraction en contient 5, la seconde en contient 15, c'est-à-dire trois fois autant que la première, la valeur de la seconde fraction est donc égale à trois fois celle de la première.

De même, soit la fraction $\frac{28}{45}$, divisons le numérateur par l'un des diviseurs de 48, 7, par exemple, nous obtenons la fraction $\frac{4}{45}$.

En raisonnant comme précédemment, nous verrons que la fraction $\frac{28}{45}$ vaut 7 fois la fraction $\frac{4}{45}$; donc, en divisant par 7 le numérateur de la fraction $\frac{28}{45}$, on a divisé cette fraction par 7.

Conséquences. — I. *Pour multiplier une fraction par un nombre, il suffit de multiplier son numérateur par ce nombre.*

II. *Pour diviser une fraction par un nombre, il suffit de diviser son numérateur par ce nombre, quand cette division est possible exactement.*

129 bis. — *Principe.* — III. *De deux fractions qui ont le même numérateur, la plus grande est celle qui a le plus petit dénominateur.*

Soient les deux fractions :

$$\frac{3}{7} \text{ et } \frac{3}{10}$$

Les deux fractions contiennent le même nombre de parties de l'unité, la première contient des septièmes, la seconde des dixièmes. Or, lorsqu'on divise l'unité en sept parties égales, les parties sont plus grandes que celles qu'on obtient en divisant l'unité en 10 parties égales. Donc, 1 septième est plus grand que 1 dixième, par suite :

$$\frac{3}{7} > \frac{3}{10}$$

Conséquences. — I. *On diminue une fraction lorsqu'on augmente son dénominateur, le numérateur restant fixe.*

II. *La fraction devient infiniment petite lorsque le dénominateur augmente indéfiniment, le numérateur restant fixe.*

En effet, on a toujours le même nombre de parties de l'unité, mais chacune d'elles devient de plus en plus petite à mesure que le dénominateur augmente, et on peut rendre ces parties aussi petites qu'on veut, en divisant l'unité en un nombre très grand de parties égales.

130. — *Principe.* — IV. *Lorsqu'on multiplie ou lorsqu'on divise le dénominateur d'une fraction par un nombre entier, la fraction est divisée ou multipliée par ce nombre.*

Soit la fraction :

$$\frac{3}{5}$$

Multiplions son dénominateur par 4, nous obtiendrons la fraction $\frac{3}{20}$.

Les deux fractions $\frac{3}{5}, \frac{3}{20}$, ayant le même numérateur contiennent le même nombre de parties de l'unité; si nous montrons que 1 cinquième vaut 4 vingtièmes, il en résultera que la première fraction vaut 4 fois la seconde. Or, ayant d'abord divisé l'unité en 5 parties égales ou en cinquièmes, divisons ensuite chacune de ces parties en 4 parties égales, nous obtiendrons précisément des vingtièmes puisque nous aurons en tout (5×4) ou 20 parties égales; or, chaque cinquième contiendra 4 vingtièmes, donc 1 cinquième vaut 4 vingtièmes.

Inversement, soit la fraction :

$$\frac{3}{20}$$

Divisons son dénominateur par 4, nous obtenons la fraction $\frac{3}{5}$ et, d'après ce qui précède, cette fraction vaut 4 fois la fraction $\frac{3}{20}$.

Conséquences. — I. *Pour diviser une fraction par un nombre, il suffit de multiplier son dénominateur par ce nombre.*

II. *Pour multiplier une fraction par un nombre, il suffit de diviser son dénominateur par ce nombre, quand la division peut se faire exactement.*

En résumé, les deux derniers principes fournissent deux moyens de *multiplier une fraction par un nombre : Multiplier son numérateur ou diviser son dénominateur par le nombre.*

Ils fournissent aussi deux moyens de *diviser une fraction par un nombre : Multiplier son dénominateur ou diviser son numérateur par le nombre.*

131. — *Principe.* — V. *On ne change pas la valeur d'une fraction quand on multiplie ou quand on divise ses deux termes par un même nombre.*

Soit la fraction :

$$\frac{4}{5}$$

Multiplions ses deux termes par 3, nous obtenons la fraction $\frac{12}{15}$, il faut montrer qu'elle est égale à $\frac{4}{5}$.

Prenons comme terme de comparaison la fraction $\frac{4}{15}$, obtenue en multipliant par 3 le dénominateur de la première fraction.

Nous savons, d'après ce qui précède, que la fraction $\frac{4}{5}$ vaut 3 fois la fraction $\frac{4}{15}$, et que la fraction $\frac{12}{15}$ vaut aussi 3 fois la fraction $\frac{4}{15}$, donc, les fractions $\frac{4}{5}$ et $\frac{12}{15}$ sont égales. On ne change donc pas la valeur d'une fraction quand on multiplie ses deux termes par un même nombre.

On verrait, de la même façon, qu'on peut diviser les deux termes d'une fraction par un même nombre sans modifier la valeur de cette fraction.

132. — *Théorème. — Lorsqu'on ajoute un même nombre aux deux termes d'une fraction, la fraction se rapproche de l'unité; elle augmente si elle est inférieure à l'unité, elle diminue dans le cas contraire.*

Remarquons d'abord que l'excès d'une fraction sur l'unité est une fraction dont le numérateur est la différence des deux termes de la première fraction et dont le dénominateur est le même que celui de la première fraction.

En effet, $\frac{8}{5}$ surpasse l'unité ou $\frac{5}{5}$ de (8 — 5) cinquièmes, donc :

$$\frac{8}{5} - 1 = \frac{3}{5}$$

L'excès de l'unité sur une fraction s'obtient de la même façon :

$$1 - \frac{6}{11} = \frac{11-6}{11} = \frac{5}{11}$$

Considérons les fractions :

$$\frac{a}{b} \text{ et } \frac{a+k}{b+k}$$

1° $$a > b \text{ ou } \frac{a}{b} > 1$$

L'excès de la fraction $\frac{a}{b}$ sur l'unité est $\frac{a-b}{b}$ (1)

» $\frac{a+k}{b+k}$ » $\frac{a-b}{b+k}$ (2)

Or, les fractions (1) et (2) ont le même numérateur, la plus grande est celle qui a le plus petit dénominateur, c'est la première. Donc, l'excès sur l'unité de la fraction $\frac{a}{b}$ étant supérieur à celui de la fraction $\frac{a+k}{b+k}$, cette seconde fraction est inférieure à la première.

De plus, si k augmente indéfiniment, la fraction (2) diminue indéfiniment. En effet, les parties qui composent la fraction (2) sont de plus en plus petites, et comme elle en contient un nombre fixe $(a-b)$, sa valeur devient de plus en plus petite, de sorte que la fraction $\frac{a+k}{b+k}$ se rapproche indéfiniment de l'unité, à mesure que k devient de plus en plus grand.

2° $$a < b \text{ ou } \frac{a}{b} < 1$$

L'excès de l'unité sur la fraction $\frac{a}{b}$ est $\frac{b-a}{b}$ (1)

» $\frac{a+k}{b+k}$ » $\frac{b-a}{b+k}$ (2)

L'excès (2) étant inférieur à l'excès (1), la fraction $\frac{a+k}{b+k}$ est supérieure à la fraction $\frac{a}{b}$.

On verrait, comme précédemment, que la fraction $\frac{a+k}{b+k}$ se rapproche indéfiniment de l'unité à mesure que k augmente indéfiniment.

De même, *une fraction s'éloigne de l'unité quand on retranche un même nombre à ses deux termes; elle diminue lorsqu'elle est inférieure à l'unité, elle augmente dans le cas contraire.*

§ II. — SIMPLIFICATION DES FRACTIONS

133. — Étant donnée une fraction, on peut former une infinité de fractions qui lui soient égales. Il suffit, pour cela, de multiplier ou de diviser les deux termes de la fraction par un même nombre.

Définitions. — I. *Simplifier une fraction, c'est former une fraction égale à la première et ayant des termes plus simples.*

On simplifiera donc une fraction en divisant ses deux termes par un même nombre.

II. On dit qu'une fraction est *réduite à sa plus simple expression* ou *irréductible*, quand on ne peut former aucune autre fraction qui lui soit égale et qui ait des termes plus simples.

134. — *Théorème.* — *La condition nécessaire et suffisante pour qu'une fraction soit irréductible est que ses deux termes soient premiers entre eux.*

1° *La condition est nécessaire.*

En effet, soit la fraction $\frac{a}{b}$ dont les deux termes a et b ne sont pas premiers entre eux; ils admettent un diviseur commun d, et nous pouvons écrire :

$$a = d \times a'$$
$$b = d \times b'$$
$$\frac{a}{b} = \frac{d \times a'}{d \times b'} = \frac{a'}{b'}$$

La fraction $\frac{a'}{b'}$ a des termes plus simples que ceux de la fraction $\frac{a}{b}$; la fraction $\frac{a}{b}$ n'était donc pas irréductible.

2° *La condition est suffisante.*

Soit $\frac{a}{b}$ une fraction dont les deux termes sont premiers entre eux; nous allons montrer que toute fraction équivalente $\frac{c}{d}$ a des termes équimultiples de ceux de la première.

Nous avons :

$$\frac{c}{d} = \frac{a}{b} \qquad (1)$$

Multiplions les deux termes de la première fraction par b, ceux de la seconde par d, nous ne modifions pas la valeur des deux fractions, donc :

$$\frac{c \times b}{d \times b} = \frac{a \times d}{b \times d} \qquad (2)$$

Les fractions (2), étant égales et ayant le même dénominateur, doivent avoir des numérateurs égaux :

$$c \times b = a \times d \qquad (3)$$

a divise le produit $a \times d$, il doit diviser aussi le produit $c \times b$, or, a est premier avec b, donc il divise c:

$$c = a \times h \qquad (4)$$

Remplaçons c par cette valeur dans (3), il vient :

$$a \times k \times b = a \times d$$

ou :

$$d = b \times k \qquad (5)$$

Les égalités (4) et (5) montrent que les termes c et d sont des équimultiples (multiples égaux) des termes a et b. Par conséquent, les termes de la fraction $\frac{c}{d}$ ne peuvent être plus simples que ceux de la fraction $\frac{a}{b}$.

Conséquence. — Pour réduire une fraction à sa plus simple expression, on divise ses deux termes par leur plus grand commun diviseur.

Les deux termes de la nouvelle fraction seront alors premiers entre eux, et la fraction sera irréductible.

Exemple. — Réduire à sa plus simple expression la fraction :

$$\frac{480}{880}$$

Le plus grand commun diviseur des deux termes de cette fraction est 160, divisons-les par 160 :

$$\frac{480}{880} = \frac{160 \times 3}{160 \times 5} = \frac{3}{5}$$

Remarques. — 1. Au lieu de rechercher le plus grand commun diviseur des deux termes de la fraction, on peut diviser successivement chacun des deux termes par les diviseurs simples, qu'on reconnaît leur être communs par les caractères de divisibilité établis dans le chapitre précédent.

Exemple. — Soit la fraction :

$$\frac{6435}{8415}$$

Les deux termes de la fraction sont divisibles par 5, puisqu'ils sont terminés par 5. Divisons les deux termes par 5 :

$$\frac{6435}{8415} = \frac{1287}{1683}$$

Les deux termes de la dernière fraction sont divisibles par 9; les sommes des chiffres qui les composent étant, toutes deux, divisibles par 9. Faisons cette division :

$$\frac{1287}{1683} = \frac{143}{187}$$

Enfin, on voit que les deux termes de cette nouvelle fraction sont divisibles par 11, d'où :

$$\frac{143}{187} = \frac{13}{17}$$

II. Pour réduire une fraction à sa plus simple expression, on peut encore décomposer les deux termes de la fraction en leurs facteurs premiers et diviser les deux termes par les facteurs communs.

Exemple. — Soit la fraction :

$$\frac{720}{1260}$$

$$720 = 2^4 \times 3^2 \times 5$$
$$1260 = 2^2 \times 3^2 \times 5 \times 7$$
$$\frac{720}{1250} = \frac{2^4 \times 3^2 \times 5}{2^2 \times 3^2 \times 5 \times 7} = \frac{2^2}{7} = \frac{4}{7}$$

En résumé, trois procédés peuvent être employés pour réduire une fraction à sa plus simple expression :

1° Diviser les deux termes de la fraction par leur plus grand commun diviseur;

2° Diviser successivement les deux termes par leurs diviseurs communs, reconnus au moyen des caractères de divisibilité;

3° Décomposer les deux termes en leurs facteurs premiers, et supprimer tous les facteurs communs aux deux termes.

Problème. — Étant donnée la fraction $\frac{3}{8}$, trouver une fraction qui lui soit égale et telle que la différence de ses deux termes soit 200.

Soit $\frac{c}{d}$ la fraction cherchée.

La fraction $\frac{3}{8}$ ayant ses deux termes premiers entre eux, les nombres c et d doivent être des équimultiples de 3 et de 8 (n° 134). On doit avoir :

$$c = 3 \times k$$
$$d = 8 \times k$$

Or, par hypothèse :

$$d - c = 200$$

Donc :

$$8.k - 3.k \text{ ou } 5.k = 200$$
$$k = 40$$

Par suite :

$$c = 120, \quad d = 320$$

La fraction cherchée est :

$$\frac{120}{320}$$

§ III. RÉDUCTION DES FRACTIONS AU MÊME DÉNOMINATEUR

135. — On ne peut comparer des fractions ayant des dénominateurs différents, puisqu'elles représentent des parties de l'unité d'espèces différentes; pour la même raison, on ne peut ni les additionner, ni les soustraire. Il y a donc lieu, pour résoudre ces différentes questions, de savoir réduire des fractions au même dénominateur.

Définitions. — 1. *Réduire des fractions au même dénominateur, c'est former des fractions égales aux premières et ayant toutes le même dénominateur.*

Il est visible que le problème comporte une infinité de solutions. En effet, nous pouvons d'abord prendre, comme dénominateur commun, le produit de tous les dénominateurs; il suffira, pour cela, de multiplier les deux termes de chaque fraction par le produit des dénominateurs de toutes les autres.

Exemple. — Soient les fractions :

(1) $$\frac{3}{4}, \quad \frac{5}{6}, \quad \frac{3}{10}, \quad \frac{2}{5}$$

Les fractions suivantes :

(2) $$\frac{3 \times 6 \times 10 \times 5}{4 \times 6 \times 10 \times 5}, \frac{5 \times 4 \times 10 \times 5}{4 \times 6 \times 10 \times 5}, \frac{3 \times 4 \times 6 \times 5}{4 \times 6 \times 10 \times 5}, \frac{2 \times 4 \times 6 \times 10}{4 \times 6 \times 10 \times 5}$$

ont toutes le même dénominateur et elles sont égales aux fractions (1).

Si nous multiplions les deux termes de chacune des fractions (2) par un nombre quelconque k, nous aurons de nouvelles fractions égales aux fractions (1), et ayant toutes, pour dénominateur, le produit :

$$4 \times 6 \times 10 \times 5 \times k$$

Mais, parmi toutes les fractions égales aux fractions (1) et ayant le même dénominateur, il est plus commode, pour les calculs, de choisir celles qui ont le dénominateur le plus simple.

II. *Réduire des fractions au plus petit dénominateur commun, c'est former des fractions égales aux premières, ayant toutes le même dénominateur, le plus simple possible.*

136. — *Théorème. — Le plus petit dénominateur commun de plusieurs fractions irréductibles est le plus petit multiple commun de tous les dénominateurs.*

Soient les fractions irréductibles :

(1) $$\frac{a}{b},\quad \frac{c}{d},\quad \frac{f}{h},$$

Supposons-les réduites à un dénominateur commun quelconque D, et soient les fractions :

(2) $$\frac{A}{D},\quad \frac{C}{D},\quad \frac{F}{D},$$

égales aux fractions (1).

En particulier :

$$\frac{A}{D}=\frac{a}{b}$$

La fraction $\frac{a}{b}$ étant irréductible, les deux nombres A et D sont des équimultiples des nombres a et b; ainsi, D est un multiple de b.

On a de même :

$$\frac{C}{D}=\frac{c}{d}$$

La fraction $\frac{c}{d}$ est aussi irréductible, par conséquent, D est un multiple de d. On verrait de même que D est un multiple de h.

Donc, *un dénominateur commun quelconque est un multiple commun de tous les dénominateurs.*

Réciproquement. — Soit M un multiple commun des dénominateurs :

$$M = b \times q_1 = c \times q_2 = h \times q_3$$

Multiplions les deux termes de la première fraction par q_1, ceux de la seconde par q_2 et ceux de la troisième par q_3, les fractions ne changent pas de valeur et elles deviennent :

$$\frac{\times q_1}{b \times q_1},\quad \frac{c \times q_2}{d \times q_2},\quad \frac{f \times q_3}{h \times q_3},$$

Elles ont toutes le même dénominateur M.

Ainsi, *tout multiple commun des dénominateurs peut être pris comme dénominateur commun.*

Conséquence. — Tout dénominateur commun étant un multiple commun des dénominateurs, et tout multiple des dénominateurs pouvant être pris pour dénominateur commun, il s'ensuit que tous les multiples communs des dénominateurs et tous les dénominateurs communs sont identiques. Par suite, *le plus petit dénominateur commun est aussi le plus petit multiple commun des dénominateurs.*

De ce théorème, on conclut la *règle à suivre pour réduire des fractions au plus petit dénominateur commun.*

137. — *Règle.* — 1° On réduit chaque fraction à sa plus simple expression;

2° On détermine le plus petit multiple commun de tous les dénominateurs;

3° On divise ce plus petit multiple commun par chacun des dénominateurs;

4° On multiplie les deux termes de chacune des fractions par le quotient correspondant à son dénominateur.

Exemples. — 1. Soient les fractions :

$$\frac{1}{630}, \quad \frac{7}{720}, \quad \frac{11}{810}$$

Ces fractions sont irréductibles. Formons le plus petit multiple commun des dénominateurs :

$$\begin{aligned} 630 &= 2 \times 3^2 \times 5 \times 7 \\ 720 &= 2^4 \times 3^2 \times 5 \\ 810 &= 2 \times 3^4 \times 5 \\ \text{p. p. m. c.} &= 2^4 \times 3^4 \times 5 \times 7 = 45.360 \end{aligned}$$

Divisons ce nombre par chacun des dénominateurs. Pour simplifier ces divisions, nous nous servirons des nombres décomposés en leurs facteurs premiers, ainsi :

$$\begin{aligned} 2^4 \times 3^4 \times 5 \times 7 &: 2 \times 3^2 \times 5 \times 7 = 2^3 \times 3^2 = 72 \\ 2^4 \times 3^4 \times 5 \times 7 &: 2^4 \times 3^2 \times 5 \quad = 3^2 \times 7 = 63 \\ 2^4 \times 3^4 \times 5 \times 7 &: 2 \times 3^4 \times 5 \quad = 2^3 \times 7 = 56 \end{aligned}$$

Multiplions les deux termes de chaque fraction par le quotient relatif à son dénominateur :

$$\frac{1}{630} = \frac{1 \times 72}{630 \times 72} = \frac{72}{45.360}$$

$$\frac{7}{720} = \frac{7 \times 63}{720 \times 63} = \frac{441}{45.360}$$

$$\frac{11}{810} = \frac{11 \times 56}{810 \times 56} = \frac{616}{45.360}$$

II. Soient les fractions :

$$\frac{7}{20}, \quad \frac{1}{120}, \quad \frac{11}{60}, \quad \frac{13}{40}.$$

Le plus petit commun multiple des dénominateurs est le dénominateur 120, on réduira donc les autres fractions en cent-vingtièmes; à cet effet, on multipliera les deux termes de chaque fraction par le quotient de la division de 120 par le dénominateur de la fraction considérée.

Ainsi :

$$120 = 20 \times 6 = 60 \times 2 = 40 \times 3$$

On multiplie les deux termes de la première fraction par 6, ceux de la troisième par 2, et ceux de la dernière par 3, on obtiendra ainsi les fractions suivantes équivalentes aux premières :

$$\frac{42}{120}, \quad \frac{1}{120}, \quad \frac{22}{120}, \quad \frac{39}{120}.$$

138. — *Problème. — Des fractions étant réduites à un même dénominateur quelconque, les réduire au plus petit dénominateur commun.*

Soient les fractions réduites à un même dénominateur quelconque :

$$\frac{A}{D}, \quad \frac{B}{D}, \quad \frac{C}{D}, \ldots, \quad \frac{L}{D}. \qquad (1)$$

Considérons les fractions irréductibles équivalentes :

$$\frac{\alpha}{a}, \quad \frac{\beta}{b}, \quad \frac{\gamma}{c}, \ldots, \quad \frac{\lambda}{l}, \qquad (2)$$

Réduisons ces fractions à leur plus petit dénominateur commun m, nous obtenons les fractions :

$$\frac{\alpha'}{m}, \quad \frac{\beta'}{m}, \quad \frac{\gamma'}{m}, \ldots, \quad \frac{\lambda'}{m}, \qquad (3)$$

Nous avons vu (nº 138), que le dénominateur commun D est un multiple de tous les dénominateurs des fractions (2), c'est donc un multiple de leur plus petit multiple m.

Soit :

$$D = m \times Q \qquad (4)$$

Multiplions les deux termes de la fraction $\frac{\alpha'}{m}$ par Q :

$$\frac{\alpha'}{m} = \frac{\alpha' \times Q}{m \times Q} = \frac{\alpha' \times Q}{D}$$

Or, par hypothèse :

$$\frac{A}{D} = \frac{\alpha'}{m} = \frac{\alpha' \times Q}{D}$$

Donc :

$$A = \alpha' \times Q \qquad (5)$$

Les égalités (4) et (5) montrent qu'on peut passer des fractions (1) aux fractions (3) en divisant les deux termes de chacune des fractions (1) par un certain nombre Q. Le nombre Q doit donc être un diviseur commun à tous les numérateurs et au dénominateur commun des fractions (1); de plus, c'est leur plus grand commun diviseur. En effet, si Q n'est pas leur plus grand commun diviseur, en divisant les deux termes de chacune des fractions (1) par ce plus grand commun diviseur, on formera les fractions :

$$\frac{A'}{D'}\ \frac{B'}{D'} \cdots\cdots\ \frac{L'}{D'}$$

Leur dénominateur commun D' est inférieur à m; de sorte que m ne serait pas le plus petit dénominateur commun des fractions (2), ce qui est contraire à l'hypothèse.

En conséquence, pour réduire au plus petit dénominateur commun, des fractions réduites à un dénominateur quelconque, on divise les deux termes de chacune de ces dernières fractions par le plus grand commun diviseur de tous les numérateurs et du dénominateur des premières fractions.

Remarque. — On reconnaîtra que des fractions, réduites au même dénominateur, sont réduites au plus petit dénominateur possible, quand tous les numérateurs et le dénominateur commun seront premiers entre eux.

139. — *Corollaire* (1). — *Le plus petit multiple commun de* n *nombres s'obtient en divisant le produit de ces nombres par le plus grand commun diviseur de tous les produits qu'on peut former avec* (n — 1) *de ces nombres.*

Soient les nombres :

$$a, b, c..... l$$

Considérons les fractions :

$$\frac{1}{a}, \frac{1}{b}, \frac{1}{c}, ... \frac{1}{l} \quad (1)$$

Réduisons ces fractions au même dénominateur en prenant comme dénominateur commun le produit de tous les dénominateurs, nous obtenons les fractions :

$$\frac{b \times c..... \times l}{a \times b \times c..... \times l} \quad \frac{a \times c..... \times l}{a \times b \times c..... \times l} \quad \frac{a \times b..... \times l}{a \times b \times c..... \times l} \quad (2)$$

Pour obtenir le plus petit multiple commun des nombres $a, b, c..... l$, il faut *diviser le dénominateur commun*, $a \times b \times c..... l$, *des fractions* (2) *par le plus grand commun diviseur de tous les numérateurs et du dénominateur des fractions.*

Pour obtenir ce plus grand commun diviseur, il suffit de prendre celui des numérateurs, c'est-à-dire des produits qu'on peut former avec $(n - 1)$ des nombres donnés.

§ IV. — OPÉRATIONS SUR LES FRACTIONS

Addition

140. — *Définition.* — *On se propose de réunir en une seule fraction toutes les parties de l'unité contenues dans plusieurs fractions données.*

Le résultat de l'opération est la *somme* ou le *total* des différentes fractions.

1er *cas.* — *Les fractions ont le même dénominateur.*

$$\frac{4}{9}, \frac{2}{9}, \frac{7}{9},$$

(1) Maleyx, leçons d'arithmétique.

Il s'agit de réunir tous les neuvièmes contenus dans ces différentes fractions.

Le nombre total de ces neuvièmes est :

$$4+2+7=13$$

Donc :

$$\frac{4}{9}+\frac{2}{9}+\frac{7}{9}=\frac{4+2+7}{9}=\frac{13}{9}=1+\frac{4}{9}$$

Règle. — Pour additionner plusieurs fractions de même dénominateur, on fait la somme des numérateurs et on lui donne pour dénominateur, le dénominateur commun.

2e *cas. — Les fractions sont quelconques.*

On ramène ce cas au précédent en réduisant toutes les fractions au même dénominateur.

Exemple. — Soit à effectuer la somme :

$$\frac{5}{36}+\frac{7}{72}+\frac{11}{18}$$

Réduisons ces fractions au dénominateur commun 72, et additionnons les nouvelles fractions, nous obtenons :

$$\frac{10}{72}+\frac{7}{72}+\frac{44}{72}=\frac{61}{72}$$

Règle. — Pour additionner des fractions quelconques, on les réduit d'abord au même dénominateur, on fait ensuite le total des numérateurs auquel on donne comme dénominateur le dénominateur commun.

3e *cas. — Les fractions sont jointes à des nombres entiers.*

Soit à effectuer la somme :

$$4\frac{2}{3}+5\frac{4}{5}+2\frac{1}{10}$$

On peut l'écrire :

$$4+\frac{2}{3}+5+\frac{4}{5}+2+\frac{1}{10}$$

ou

$$4+5+2+\frac{2}{3}+\frac{4}{5}+\frac{1}{10}=11+\frac{20}{30}+\frac{24}{30}+\frac{3}{30}$$

$$=11+\frac{47}{30}=12+\frac{17}{30}=12\frac{17}{30}$$

Règle. — On additionne séparément les entiers et les fractions, la réunion de ces deux sommes constitue le total cherché.

Soustraction

141. — *Définition.* — *On se propose de retrancher d'une fraction donnée, toutes les parties de l'unité contenues dans une seconde fraction.* Le résultat de l'opération s'appelle le *reste, excès* ou *différence.*

1er *cas.* — *Les deux fractions ont le même dénominateur.*

Soit à effectuer la soustraction :

$$\frac{10}{17} - \frac{6}{17}.$$

Si de 10 dix-septièmes on enlève 6 dix-septièmes, il restera (10 — 6) ou 4 dix-septièmes.

Donc :

$$\frac{10}{17} - \frac{6}{17} = \frac{10-6}{17} = \frac{4}{17}$$

Règle. — Pour trouver la différence de deux fractions ayant le même dénominateur, on effectue la différence des numérateurs, à laquelle on donne comme dénominateur le dénominateur commun.

2e *cas.* — *Les fractions sont quelconques.*

On ramène ce cas au précédent en réduisant les deux fractions au même dénominateur.

Exemple. — Effectuer la soustraction :

$$\frac{9}{15} - \frac{11}{20}$$

Réduisons les deux fractions au même dénominateur et retranchons les numérateurs, nous obtenons :

$$\frac{9}{15} - \frac{11}{20} = \frac{36}{60} - \frac{33}{60} = \frac{3}{60} = \frac{1}{20}$$

Règle. — Pour trouver la différence de deux fractions ayant des dénominateurs quelconques, on les réduit au même dénominateur, on effectue la différence des numérateurs à laquelle on donne pour dénominateur le dénominateur commun.

3e *cas.* — *Les fractions sont jointes à des nombres entiers.*

Soit à effectuer la différence :

$$5\frac{4}{5} - 3\frac{2}{3}$$

On peut l'écrire :

$$\left(5+\frac{4}{5}\right)-\left(3+\frac{2}{3}\right)=\left(5-3\right)+\left(\frac{4}{5}-\frac{2}{3}\right)$$

$$=2+\left(\frac{12}{15}-\frac{10}{15}\right)=2+\frac{2}{15}=2\frac{2}{15}$$

Règle. — On retranche séparément les entiers et la fraction qui composent le second nombre des entiers et de la fraction qui composent le premier.

Remarque. — Lorsque la seconde fraction surpasse la première, on ajoute à celle-ci une unité, ce qui revient à augmenter son numérateur de son dénominateur, pour ne pas altérer la différence on ajoutera aussi une unité aux entiers contenus dans le second nombre.

Exemple. — Effectuer la différence :

$$5\frac{2}{7} - 3\frac{3}{4}$$

On peut l'écrire :

$$\left(5+\frac{2}{7}\right)-\left(3+\frac{3}{4}\right)=\left(5-3\right)+\left(\frac{2}{7}-\frac{3}{4}\right)$$

ou :

$$\left(5-3\right)+\left(\frac{8}{28}-\frac{21}{28}\right)=\left(5-4\right)+\left(\frac{8+28}{28}-\frac{21}{28}\right)$$

$$=\left(5-4\right)+\left(\frac{36}{28}-\frac{21}{28}\right)=1+\frac{15}{28}=1\frac{15}{28}$$

Multiplication

142. — *Définition. — On se propose de former un nombre appelé produit avec un nombre appelé multiplicande, comme un deuxième nombre appelé multiplicateur a été formé avec l'unité.*

1er *cas. — Multiplication d'une fraction par un nombre entier.*

Soit à multiplier la fraction $\frac{3}{14}$ par 4.

Le multiplicateur 4 a été formé en réunissant 4 unités, le produit se formera en réunissant 4 fractions égales à $\frac{3}{14}$, il faudra donc effectuer la somme :

$$\frac{3}{14}+\frac{3}{14}+\frac{3}{14}+\frac{3}{14}=\frac{3\times 4}{14}=\frac{12}{14}$$

Règle. — Pour multiplier une fraction par un nombre entier, on multiplie le numérateur de la fraction par le nombre et on conserve le dénominateur.

Remarque. — Ce résultat avait été déjà obtenu au n° 129.

2° *Multiplication d'un nombre entier par une fraction.*

Soit à multiplier le nombre 3 par la fraction $\frac{2}{7}$.

Le multiplicateur $\frac{2}{7}$ a été formé en prenant 2 fois la septième partie de l'unité, on formera le produit en prenant 2 fois la septième partie du multiplicande 3. Or, 3 se composant de la somme $(1+1+1)$, sa septième partie s'obtiendra en prenant la septième partie de chacune des unités qui composent 3, ce sera : $\left(\frac{1}{7}+\frac{1}{7}+\frac{1}{7}\right)$ ou $\frac{3}{7}$. *Ainsi, la septième partie de 3 est la fraction* $\frac{3}{7}$; il faut maintenant prendre 2 fois cette septième partie de 3, c'est-à-dire multiplier la fraction $\frac{3}{7}$ par 2, ce qui se fait en multipliant le numérateur par 2. Le résultat de la multiplication est donc la fraction $\frac{3\times 2}{7}$.

Par conséquent :

$$3\times\frac{2}{7}=\frac{3\times 2}{7}=\frac{6}{7}$$

Règle. — Pour multiplier un nombre entier par une fraction, on multiplie le nombre par le numérateur de la fraction et on donne au produit, pour dénominateur, celui de la fraction.

Remarque. — Les deux produits :

$$\frac{3}{7}\times 2 \text{ et } 2\times\frac{3}{7} \text{ ont pour valeur } \frac{3\times 2}{7}$$

Donc, dans le produit d'un nombre entier par une fraction, on peut intervertir l'ordre des facteurs sans altérer le produit.

3e *cas.* — *Multiplication de deux fractions.*

Soit à effectuer le produit :

$$\frac{3}{7} \times \frac{4}{5}$$

Le multiplicateur a été formé en prenant 4 fois la cinquième partie de l'unité, on formera le produit en prenant 4 fois la cinquième partie du multiplicande $\frac{3}{7}$. Or, pour diviser la fraction $\frac{3}{7}$ par 5, on multiplie son dénominateur par 5 (no 130), la cinquième partie de $\frac{3}{7}$ est donc la fraction $\frac{3}{7 \times 5}$.

Il faut maintenant répéter 4 fois la cinquième partie de $\frac{3}{7}$, c'est-à-dire multiplier la fraction $\frac{3}{7 \times 5}$ par 4, ce qui se fait en multipliant son numérateur par 4.

Le résultat de la multiplication est donc la fraction $\frac{3 \times 4}{7 \times 5}$.

Par conséquent :

$$\frac{3}{7} \times \frac{4}{5} = \frac{3 \times 4}{7 \times 5} = \frac{12}{35}$$

Règle. — Le produit de deux fractions est une fraction ayant pour numérateur le produit des deux numérateurs, et pour dénominateur le produit des deux dénominateurs.

Remarques. — I. D'après la définition de la multiplication, *prendre les $\frac{4}{5}$ d'un nombre entier ou fractionnaire, c'est multiplier le nombre par $\frac{4}{5}$.*

Exemple. — Soit à prendre les $\frac{4}{5}$ des $\frac{3}{7}$ des $\frac{9}{10}$ du nombre 700.

Il faudra effectuer l'opération suivante :

$$700 \times \frac{9}{10} \times \frac{3}{7} \times \frac{4}{5}$$

Le résultat sera :

$$\frac{700 \times 9 \times 3 \times 4}{10 \times 7 \times 5} = \frac{700 \times 9 \times 3 \times 4}{350} = 216$$

II. *Dans un produit de deux fractions, on peut intervertir l'ordre des deux facteurs.*

En effet :

$$\frac{3}{7} \times \frac{4}{5} = \frac{3 \times 4}{7 \times 5}$$

$$\frac{4}{5} \times \frac{3}{7} = \frac{4 \times 3}{5 \times 7}$$

Or, les deux fractions $\frac{3 \times 4}{7 \times 5}$ et $\frac{4 \times 3}{5 \times 7}$ sont évidemment égales, puisque les numérateurs et les dénominateurs sont des produits composés des mêmes facteurs dont on peut intervertir l'ordre; donc :

$$\frac{3}{7} \times \frac{4}{5} = \frac{4}{5} \times \frac{3}{7}$$

Ce théorème pourrait être facilement généralisé.

4e *cas. — Multiplication de deux nombres composés d'une partie entière et d'une fraction.*

Exemple. — Soit à effectuer la multiplication :

$$3\frac{2}{5} \times 4\frac{2}{3}$$

On a :

$$3\frac{2}{5} = \frac{17}{5} \;\ldots\ldots\; 4\frac{2}{3} = \frac{14}{3}$$

D'où :

$$3\frac{2}{5} \times 4\frac{2}{3} = \frac{17}{5} \times \frac{14}{3} = \frac{238}{15} = 15\,\frac{13}{15}$$

Division

143. — *Définition. — Étant donnés deux nombres, le dividende et le diviseur, on se propose de déterminer un troisième nombre appelé quotient, dont le produit par le diviseur reproduise le dividende.*

1er *cas. — Division d'une fraction par un nombre entier.*

Soit à diviser **la fraction** $\frac{4}{5}$ par 3.

Nous avons vu (nº 130) qu'il suffisait de multiplier le dénominateur par 3 :

$$\frac{4}{5} : 3 = \frac{4}{5 \times 3} = \frac{4}{15}$$

La fraction $\frac{4}{15}$ ainsi obtenue satisfait à la définition, car si on la multiplie par le diviseur 3, on obtient la fraction $\frac{4 \times 3}{5 \times 3}$, qui est égale au dividende.

Règle. — Pour diviser une fraction par un nombre entier, on multiplie son dénominateur par le nombre entier.

Remarques. — I. On peut aussi (nº 130) diviser son numérateur par le nombre entier, quand la division est possible exactement.

II. Il résulte de la définition, qu'une fraction peut être considérée comme le quotient de la division de son numérateur par son dénominateur, puisque, si on multiplie la fraction par le dénominateur, on obtient comme produit le numérateur.

2e *cas. — Division d'un nombre entier par une fraction.*

Soit à diviser le nombre 3 par la fraction $\frac{4}{5}$.

Désignons par Q le quotient cherché; par définition, nous pouvons écrire l'égalité :

$$\frac{4}{5} \times Q = 3$$

Or, multiplier Q par $\frac{4}{5}$, c'est prendre les 4 cinquièmes de Q. Ainsi, les 4 cinquièmes de Q valent 3 unités, 1 cinquième de Q, aura pour valeur le quart de 3 ou $\frac{3}{4}$, et les 5 cinquièmes de Q auront une valeur égale à $\frac{3}{4} \times 5$. D'ailleurs, les 5 cinquièmes de Q, c'est le quotient tout entier. Donc :

$$Q = \frac{3}{4} \times 5 = \frac{3 \times 5}{4}$$

ou :

$$3 : \frac{4}{5} = \frac{3 \times 5}{4}$$

Or, la fraction $\frac{5}{4}$ est la fraction inverse du diviseur $\frac{4}{5}$, ou encore, c'est la *fraction diviseur renversée*. D'où l'on conclut la règle :

Règle. — Pour diviser un nombre entier par une fraction, on multiplie le nombre par la fraction diviseur renversée.

3e *cas. — Division d'une fraction par une fraction.*

Soit à diviser la fraction $\frac{3}{4}$ par la fraction $\frac{2}{9}$.

Désignons par Q le quotient cherché; nous aurons, d'après la définition :

$$\frac{2}{9} \times Q = \frac{3}{4}$$

C'est-à-dire que les 2 neuvièmes du quotient valent $\frac{3}{4}$, 1 neuvième du quotient aura pour valeur la moitié de $\frac{3}{4}$ ou $\frac{3}{4 \times 2}$, et les 9 neuvièmes du quotient auront pour valeur :

$$\frac{2}{4 \times 3} \times 9 \text{ ou } \frac{3 \times 9}{4 \times 2}$$

donc :

$$Q = \frac{3 \times 9}{4 \times 2}$$

Par conséquent :

$$\frac{3}{4} : \frac{2}{9} = \frac{3 \times 9}{4 \times 2}$$

Règle. — Pour diviser deux fractions, on multiplie la fraction dividende par la fraction diviseur renversée.

4e *cas. — Division de deux nombres composés d'une partie entière et d'une fraction.*

On ramène ce cas au précédent, en réduisant chacun des deux nombres en une seule fraction.

Soit à diviser $3\frac{2}{7}$ par $2\frac{5}{4}$.

$$3\frac{2}{7} : 2\frac{5}{4} = \frac{23}{7} : \frac{13}{4} = \frac{23 \times 4}{7 \times 13}$$

§ V. — APPLICATIONS

144. — I *Déterminer la condition nécessaire et suffisante pour que le quotient de deux fractions irréductibles, soit un nombre entier.*

Soient les deux fractions irréductibles :

$$\frac{a}{b}, \quad \frac{c}{d}$$

$$\frac{a}{b} : \frac{c}{d} = \frac{a \times d}{b \times c}$$

Si le quotient est entier, le produit $a \times d$ est multiple du produit $b \times c$

(1) $$a \times d = b \times c \times k$$

b divise le second membre de l'égalité (1), il doit diviser le premier membre $a \times d$, mais b est premier avec a, il doit donc diviser d.

Ainsi, d *est un multiple de* b.

De même, c divise le second membre de l'égalité (1), il doit diviser le produit $a \times d$, mais c est premier avec d, donc c doit diviser a.

Par conséquent, c *est un diviseur de* a.

Donc, le numérateur de la seconde fraction doit être un diviseur du numérateur de la première, et le dénominateur de la seconde fraction doit être un multiple du dénominateur de la première.

Cette condition est suffisante.

Soient :

$$a = c \times q_1$$
$$d = b \times q_2$$

Multiplions ces égalités membre à membre :

$$a \times d = c \times b \times q_1 \times q_2$$

Le quotient de $a \times d$ par $c \times b$ est $q_1 \times q_2$, c'est donc un nombre entier.

Exemple. — Soit la fraction $\frac{12}{25}$, considérons la fraction $\frac{3}{50}$, dont le numérateur 3 divise le numérateur de la première et dont le dénominateur 50 est un multiple de celui de la première, le quotient sera :

$$\frac{12 \times 50}{25 \times 3} = 8$$

II. *Former une fraction, ayant la plus grande valeur possible, et qui soit contenue un nombre entier de fois dans des fractions irréductibles données.*

Soient les fractions irréductibles :

(1) $$\frac{a}{b}, \quad \frac{c}{d}, \quad \frac{f}{g}$$

Désignons par $\frac{p}{q}$ une fraction qui divise exactement chacune des fractions (1); son numérateur p doit être un diviseur commun à tous les numérateurs des fractions (1), et son dénominateur q doit être un multiple de tous les dénominateurs. D'ailleurs, la fraction $\frac{p}{q}$ aura la plus grande valeur possible, si son numérateur est le plus grand possible pendant que son dénominateur est le plus petit possible. *On prendra donc pour numérateur de la fraction* $\frac{p}{q}$, *le plus grand commun diviseur de tous les numérateurs, et pour dénominateur le plus petit multiple commun de tous les dénominateurs.*

Exemple. — Former la fraction ayant la plus grande valeur possible et qui divise exactement les fractions :

$$\frac{8}{9}, \quad \frac{12}{25}, \quad \frac{16}{75}$$

Le plus grand commun diviseur des numérateurs est 4, le plus petit multiple commun des dénominateurs est le nombre $3^2 \times 5^2$ ou 225; la fraction cherchée est donc la fraction :

$$\frac{4}{225}$$

III. *Former une fraction, ayant la plus petite valeur possible, et qui contienne un nombre exact de fois plusieurs fractions irréductibles données.*

Soient les fractions irréductibles :

(1) $$\frac{a}{b}, \quad \frac{c}{d}, \quad \frac{f}{g}$$

Désignons par $\frac{p}{q}$ une fraction contenant un nombre exact de fois chacune des fractions (1); son numérateur p doit être un multiple de tous les numérateurs des fractions (1) et son dénominateur doit être un diviseur commun à tous les dénominateurs. D'ailleurs, la fraction $\frac{p}{q}$ sera la plus petite possible si son numérateur est le plus petit possible pendant que son dénominateur est le plus grand possible.

Le numérateur de la fraction cherchée sera donc le plus petit commun multiple des numérateurs, et son dénominateur sera le plus grand commun diviseur des dénominateurs.

Application. — D'un point A *partent 540 droites faisant entre elles des angles égaux, d'un point* B *partent 720 droites faisant aussi entre elles des angles égaux, on porte la figure* B *sur la figure* A *en faisant coïncider une des droites issues de* B *avec l'une des droites issues de* A. *Combien y aura-t-il de droites en coïncidence?*

On sait que la somme des angles réunis autour d'un point vaut 4 angles droits. Chacun des angles formés en A a pour valeur $\frac{4}{540}$ ou $\frac{1}{135}$ d'angle droit; de même, chacun des angles formés en B a pour valeur $\frac{4}{720}$ ou $\frac{1}{180}$ d'angle droit. Si donc, une droite de la figure B coïncide avec une droite de la figure A, pour que deux autres droites des deux figures coïncident, il faut qu'elles forment avec les premières un angle multiple des angles :

$$\frac{1}{135} \text{ et } \frac{1}{180} \text{ d'angle droit}$$

Déterminons la plus petite fraction divisible exactement par les fractions :

$$\frac{1}{135} \quad \frac{1}{180}$$

Son numérateur est le plus petit multiple des numérateurs, c'est donc 1; son dénominateur est le plus grand commun diviseur des nombres 135 et 180, c'est 45, la fraction cherchée est donc :

$$\frac{1}{45}$$

Ainsi, deux droites des figures A et B coïncidant, les droites qui pourront coïncider dans les deux figures devront faire, avec les premières, des angles multiples de $\frac{1}{45}$ d'angle droit. Le nombre des droites en coïncidence sera donc :

$$45 \times 4 = 180$$

IV. *Une personne a dépensé les $\frac{2}{3}$ des $\frac{3}{4}$ des $\frac{7}{8}$ de sa fortune, il lui reste 900 francs. Quelle était sa fortune?*

Les $\frac{2}{3}$ des $\frac{3}{4}$ des $\frac{7}{8}$ sont représentés par le produit :

$$\frac{2}{3} \times \frac{3}{4} \times \frac{7}{8} = \frac{7}{16}$$

La somme dépensée est donc les $\frac{7}{16}$ de la fortune, il reste par conséquent les $\frac{9}{16}$:

$\frac{9}{16}$ de la fortune valent 900^f

$\frac{1}{16}$ — vaut $\frac{900}{9} = 100$

$\frac{16}{16}$ — valent $100 \times 16 = 1600$

Or, les $\frac{16}{16}$ de la fortune représentent toute la fortune, elle était donc de 1.600 francs.

V. *Deux pompes peuvent épuiser l'eau d'un bassin, l'une en 4 heures, l'autre en 6 heures; une source peut remplir ce bassin en 8 heures. Le bassin étant supposé rempli, les deux pompes et la source fonctionnant ensemble, au bout de combien de temps le bassin sera-t-il vidé?*

La 1re pompe vide le bassin en 4^h; en 1^h, elle vide $\frac{1}{4}$

2e — — 6^h; — — $\frac{1}{6}$

La source remplit — 8^h; — remplit $\frac{1}{8}$

Partie du bassin vidée en 1^h :

$$\frac{1}{4} + \frac{1}{6} - \frac{1}{8} = \frac{6}{24} + \frac{4}{24} - \frac{3}{24} = \frac{7}{24}$$

Ainsi, pour vider les $\frac{7}{24}$ du bassin, il a fallu 1^h

— — $\frac{1}{24}$ — il faudra $\frac{1}{7}$

— — $\frac{24}{24}$ — — $\frac{1 \times 24}{7} = 3^h \frac{3}{7}$

Le bassin sera vide au bout de 3 heures $\frac{3}{7}$.

VI. *Trois sources alimentent un réservoir : la première et la deuxième coulant ensemble le rempliraient en 15 heures; la deuxième et la troisième, en 18 heures; la première et la troisième, en 12 heures. On demande au bout de combien de temps le réservoir sera rempli : 1° par les trois sources coulant ensemble; 2° par chaque source coulant isolément.*

La 1re et la 2e source en 1^h remplissent $\frac{1}{15}$ du bassin.

La 2e et la 3e — — $\frac{1}{18}$ —

La 3e et la 1re — — $\frac{1}{12}$ —

La somme de ces trois fractions représentera le double de la partie du bassin remplie par les trois sources coulant ensemble pendant 1 heure.

Or :

$$\frac{1}{15} + \frac{1}{18} + \frac{1}{12} = \frac{12 + 10 + 15}{180} = \frac{37}{180}$$

Les trois sources coulant ensemble remplissent $\frac{37}{360}$ du bassin en 1^h

— — $\frac{1}{360}$ — $\frac{1}{37}$ d'heure.

— — $\frac{360}{360}$ — $\frac{1 \times 360}{37}$ d'heure.

Donc :

1° *Le temps employé par les trois sources coulant ensemble pour remplir le bassin sera :*

$$\frac{360}{37} \text{ d'heure ou } 9^h \frac{27}{37}$$

2° Les trois sources ensemble en 1^h remplissent $\frac{37}{360}$ du bassin.

Les deux premières — — $\frac{1}{15}$ —

Donc, la troisième, en 1^h, remplit $\frac{37}{360} - \frac{1}{15}$ du bassin.

Or :

$$\frac{37}{360} - \frac{1}{15} = \frac{37}{360} - \frac{24}{360} = \frac{13}{360}.$$

Ainsi, la troisième source remplit en 1^h les $\frac{13}{360}$ du bassin, elle remplira le bassin entier en $\frac{360}{13}$ d'heure ou $27^h \frac{9}{13}$.

On verra, de même, que la première source remplit en 1^h :

$$\frac{37}{360} - \frac{1}{18} \text{ ou } \frac{37 - 20}{360} = \frac{17}{360}$$

Elle remplira le bassin entier en $\frac{360}{17}$ d'heure ou en $21^h \frac{3}{17}$.

Enfin, la deuxième source remplit en 1^h :

$$\frac{37}{360} - \frac{1}{12} = \frac{37 - 30}{360} = \frac{7}{360}$$

Elle remplira le bassin entier en $\frac{360}{7}$ d'heure ou en $51^h \frac{3}{7}$.

VII. *Une personne remplit son verre de vin pur et en boit le quart, elle achève de le remplir avec de l'eau et en boit le tiers, elle achève de le remplir avec de l'eau et en boit la moitié; elle achève enfin de le remplir avec de l'eau et boit le verre entier. On demande combien elle a bu d'eau et de vin à chaque fois, et quelle est la quantité totale d'eau qu'elle a bue?*

Remarquons d'abord que, lorsque cette personne boit le tiers ou le quart du liquide contenu dans le verre, elle boit le tiers ou le quart du vin qui y est contenu, et en même temps le tiers ou le quart de l'eau.

Occupons-nous d'abord du vin, et prenons pour unité la capacité du verre :

La 1re fois elle boit $\frac{1}{4}$ du vin, il reste $\frac{3}{4}$.

2e — $\frac{1}{3}$ de $\frac{3}{4}$ ou $\frac{1}{4}$ — $\frac{2}{3}$ de $\frac{3}{4} = \frac{1}{2}$.

3e — $\frac{1}{2}$ de $\frac{1}{2}$ ou $\frac{1}{4}$ — $\frac{1}{2}$ de $\frac{1}{2} = \frac{1}{4}$.

4e — $\frac{1}{4}$.

Voyons maintenant l'eau qui a été bue :

La 1re fois, il n'y avait pas d'eau.

La 2e fois, il y avait $\frac{1}{4}$ d'eau, la personne a bu $\frac{1}{3}$ de $\frac{1}{4} = \frac{1}{12}$.

En ce moment, il restait dans le verre la moitié de vin, comme on achève de le remplir avec de l'eau, il y a alors la moitié d'eau :

La 3e fois, la personne a bu, par conséquent, $\frac{1}{2}$ de $\frac{1}{2}$ ou $\frac{1}{4}$ d'eau.

Il restait alors dans le verre $\frac{1}{4}$ de vin, on achève de le remplir avec de l'eau, il y a donc alors $\frac{3}{4}$ d'eau.

La 4e fois, la personne boit donc $\frac{3}{4}$ d'eau.

D'où le tableau suivant :

	Vin	Eau
La personne a bu la 1re fois	$\frac{1}{4}$	0
— 2e —	$\frac{1}{4}$	$\frac{1}{12}$
— 3e —	$\frac{1}{4}$	$\frac{1}{4}$
— 4e —	$\frac{1}{4}$	$\frac{3}{4}$

Quantité totale d'eau :

$$\frac{1}{12}+\frac{1}{4}+\frac{3}{4} = 1\,\frac{1}{12}$$

VIII. *Une paysanne va au marché avec un certain nombre d'œufs. Elle vend la moitié de ses œufs, plus la moitié d'un œuf; elle vend ensuite la moitié du reste plus la moitié d'un œuf; enfin, elle vend la moitié de ce qui lui reste, plus la moitié d'un œuf; il lui reste alors 13 œufs. Combien en avait-elle en arrivant au marché?*

13 œufs plus la moitié d'un œuf représentent la moitié de ce qui restait après la 2e vente, par conséquent, ce reste se composait de :

$$\left(13+\frac{1}{2}\right)\times 2 = 26+1 = 27 \text{ œufs.}$$

De même, 27 œufs plus la moitié d'un œuf représentent la moitié de ce qui restait après la première vente, ce reste se composait, par conséquent de :

$$\left(27+\frac{1}{2}\right)\times 2 = 54+1 = 55 \text{ œufs}$$

Enfin, 55 œufs plus la moitié d'un œuf représentent la moitié du nombre d'œufs apportés au marché par la paysanne, ce nombre d'œufs était donc :

$$\left(55+\frac{1}{2}\right)\times 2 = 110+1 = 111 \text{ œufs.}$$

IX. *Démontrer que la fraction* $\frac{2n+1}{2.n(n+1)}$ *est irréductible, quel que soit* n.

Nous allons établir que les deux termes de cette fraction sont premiers entre eux.

Montrons d'abord que *deux nombres consécutifs, tels que* n *et* n + 1, *sont premiers entre eux.*

En effet, si ces deux nombres n'étaient pas premiers entre eux, ils admettraient un diviseur premier commun, α, par exemple; α, divisant n et $n+1$, devrait diviser leur différence qui est 1, donc α ne peut être qu'égal à l'unité et les nombres n et $n+1$ sont premiers entre eux.

Considérons maintenant les deux termes de la fraction $\frac{2n+1}{2.n(n+1)}$, supposons qu'ils ne soient pas premiers entre eux et soit β un diviseur premier commun à ces deux termes.

D'abord, β ne peut être égal à 2 puisque $2n+1$ est un nombre impair; donc β doit diviser le produit $n(n+1)$, par conséquent, il devra diviser l'un des deux facteurs n ou $n+1$; or, ces deux nombres étant premiers entre eux, tout nombre β, qui divise l'un, ne peut diviser l'autre, ni, par suite, leur somme $2n + 1$. Ainsi, les deux termes de la fraction considérée sont premiers entre eux et la fraction est irréductible.

X. *La somme de deux fractions irréductibles, dont les dénominateurs sont différents, ne peut être égale à un nombre entier.*

Soient les deux fractions irréductibles :

$$\frac{a}{b}, \frac{c}{d}$$

Leur somme est :

$$\frac{a}{b} + \frac{c}{d} = \frac{a \times d + c \times b}{b \times d}$$

Si cette somme est un nombre entier, le numérateur est exactement divisible par le dénominateur :

$$(1) \qquad a \times d + c \times b = b \times d \times Q$$

Le nombre b divise le second membre de l'ég lité (1), il doit diviser le premier membre qui est la somme des deux nombres $a \times d$ et $c \times b$. Or, b divise l'une des parties $c \times b$ de cette somme, il doit diviser l'autre partie $a \times d$; mais, b est premier avec a, puisque la fraction $\frac{a}{b}$ est irréductible, donc, *b doit diviser d.*

De même, le nombre b doit diviser la somme $a \times d + c \times b$, il divise déjà l'une des parties de cette somme $a \times d$, il doit diviser l'autre partie $c \times b$; mais d est premier avec c, donc, *d doit diviser b.*

La double condition trouvée ne peut-être remplie que si $b = d$, ce qui est contraire à l'hypothèse.

XI. *La somme de deux fractions irréductibles, dont les dénominateurs sont premiers entre eux, est une fraction irréductible.*

Soient les fractions irréductibles :

$$\frac{a}{b}, \frac{c}{d}$$

Leur somme est :

$$\frac{a}{b} + \frac{c}{d} = \frac{a \times d + b \times c}{b \times d}$$

Ici, $b \times d$ est le plus petit dénominateur commun ; il s'agit de montrer que les deux nombres :

$$a \times d + b \times c \text{ et } b \times d$$

sont premiers entre eux. Désignons par α un diviseur premier commun à ces deux nombres. Le nombre premier α, divisant le produit $b \times d$, doit diviser l'un des facteurs, b par exemple.

Le nombre α divise aussi la somme $a \times d + b \times c$, il divise la partie $b \times c$ de cette somme, il doit diviser l'autre partie $a \times d$ et, par suite, l'un des facteurs a ou d. Mais, cela est impossible, puisque b est supposé est premier avec les deux nombres a et d.

Ainsi, les deux termes de la fractions $\frac{a \times d + b \times c}{b \times d}$ sont premiers entre eux, par suite, elle est irréductible.

XII. *Faire la somme des fractions :*

$$\frac{1}{1 \times 2} + \frac{1}{2 \times 3} + \frac{1}{3 \times 4} \cdots\cdots + \frac{1}{n(n+1)}$$

On voit que la fraction $\frac{1}{n(n+1)}$ est la différence de deux fractions, en effet :

$$\frac{1}{n(n+1)} = \frac{1}{n} - \frac{1}{n+1}$$

de même :

$$\frac{1}{(n-1)n} = \frac{1}{n-1} - \frac{1}{n}$$

$$\cdots\cdots\cdots\cdots\cdots\cdots\cdots\cdots$$

$$\frac{1}{3 \times 4} = \frac{1}{3} - \frac{1}{4}$$

$$\frac{1}{2 \times 3} = \frac{1}{2} - \frac{1}{3}$$

$$\frac{1}{1 \times 2} = 1 - \frac{1}{2}$$

Additionnons : $\frac{1}{1 \times 2} + \frac{1}{2 \times 3} \cdots\cdots + \frac{1}{n(n+1)} = 1 - \frac{1}{n+1} = \frac{n}{n+1}$

CHAPITRE VII

Fractions décimales. — Nombres décimaux

§ I. — DÉFINITIONS, PROPRIÉTÉS FONDAMENTALES

145. — On appelle *fractions décimales* les fractions qui ont pour dénominateur une puissance de 10.

Ainsi, les fractions :

$$\frac{35}{100}, \quad \frac{842}{1000}, \quad \frac{237}{10000},$$

sont des fractions décimales.

146. — Etant donnée une fraction décimale quelconque, on peut toujours en extraire les entiers, si elle est supérieure à l'unité, puis, décomposer la fraction décimale restante en une somme de fractions ayant pour numérateur un nombre d'un seul chiffre, et pour dénominateur les puissances successives de 10.

Soit par exemple la fraction :

$$\frac{12356}{1000}$$

On peut écrire :

$$\frac{12356}{1000} = \frac{12000}{1000} + \frac{356}{1000}$$

Ou :

$$12 + \frac{300}{1000} + \frac{50}{1000} + \frac{6}{1000}$$

Ou enfin :

$$12 + \frac{3}{10} + \frac{5}{100} + \frac{6}{1000}$$

D'ailleurs, si l'on considère les égalités suivantes :

$$\frac{10}{10} = 1, \quad \frac{10}{100} = \frac{1}{10}, \quad \frac{10}{1000} = \frac{1}{100}$$

On voit que l'unité se compose de 10 dixièmes, que chaque dixième vaut 10 centièmes, qu'un centième vaut 10 millièmes, etc. C'est-à-dire qu'on peut considérer les dixièmes, les centièmes, les millièmes, etc., comme de *nouveaux ordres d'unités*, puisque *chacune des unités d'un ordre quelconque vaut 10 unités de l'ordre immédiatement inférieur*. Ces ordres d'unités sont dits : *ordres décimaux;* ainsi :

Les unités du *premier* ordre décimal sont les *dixièmes*, celles du *second* sont les *centièmes;* puis, viennent les *millièmes*, *dix-millièmes*, *cent-millièmes*, *millionièmes*, etc. Les noms de ces ordres décimaux sont les noms des *ordres entiers* qu'on fait suivre de la terminaison : *ième*.

De ce qui précède, on conclut une nouvelle façon d'*écrire* les fractions décimales. A cet effet, on étend à l'écriture des fractions décimales le principe fondamental de la numération écrite : *Tout chiffre placé à la gauche d'un autre représente des unités d'un ordre immédiatement supérieur.*

Reprenons la fraction décimale :

$$\frac{12356}{1000} \quad \text{ou} \quad 12 + \frac{3}{10} + \frac{5}{100} + \frac{6}{1000}$$

Nous pourrons l'écrire :

$$12{,}356$$

La virgule sépare les unités des dixièmes. Sous cette nouvelle forme, la fraction décimale porte le nom de *nombre décimal* et les chiffres placés à la droite de la virgule sont appelés : *chiffres décimaux*.

La règle, *pour transformer une fraction décimale en nombre décimal*, est la suivante :

147. — *Règle* — *Séparer à la droite du nombre, au moyen d'une virgule, autant de chiffres décimaux qu'il y a d'unités dans l'exposant de la puissance de 10, qui constitue le dénominateur de la fraction décimale.*

Remarques. — I. Le nombre décimal peut ne pas avoir de partie entière, cela a lieu quand la fraction décimale est inférieure à l'unité.

Ex.: $$\frac{856}{1000} = 0{,}856$$

II. Lorsque le numérateur de la fraction décimale a moins de chiffres qu'il n'y a d'unités dans la puissance de 10 du dénominateur, on écrit à la gauche du nombre formé par le numérateur un ou plusieurs zéros, de manière à faire occuper au dernier chiffre, à droite, le rang décimal qui correspond à l'exposant de la puissance de 10 du dénominateur.

Soit, par exemple, la fraction :

$$\frac{56}{10000}$$

Cette fraction représente des unités du quatrième ordre décimal, le chiffre 6 doit occuper le quatrième rang après la virgule, donc :

$$\frac{56}{10000} = 0{,}0056$$

148. — *Réciproquement.* — Pour *transformer un nombre décimal en fraction décimale*, on forme une fraction dont le numérateur est le nombre décimal, abstraction faite de la virgule; le dénominateur est une puissance de 10 dont l'exposant est égal au nombre des chiffres décimaux.

Soit le nombre décimal :

$$53{,}4356$$

On peut l'écrire :

$$53 + \frac{4}{10} + \frac{3}{100} + \frac{5}{1000} + \frac{6}{10000}$$

ou :

$$\frac{530000 + 4000 + 300 + 50 + 6}{10000}$$

Ou enfin :

$$\frac{534356}{10000}$$

De même :

$$0{,}0048 = \frac{48}{10000}$$

$$0{,}35 = \frac{35}{100}$$

149. — On peut *écrire* un nombre décimal énoncé en suivant la même règle que pour l'écriture des nombres entiers.

Exemple. — Écrire un nombre composé de 15 *unités*, de 2 *centièmes* et de 5 *millièmes*.

On écrira :

$$15{,}025$$

On a remplacé par un zéro, les *dixièmes* qui manquent, de manière que les chiffres 2 et 5 qui représentent des unités du deuxième et du troisième ordre décimal se trouvent respectivement au deuxième et au troisième rang après la virgule.

150. — *Théorèmes.* — I. *On ne change pas la valeur d'un nombre décimal en écrivant un ou plusieurs zéros à la droite du nombre.*

Ainsi :

$$15{,}025 = 15{,}02500$$

En effet :

$$15{,}025 = \frac{15025}{1000}$$

$$15{,}02500 = \frac{1502500}{100000}$$

Or, la seconde fraction décimale s'obtient en multipliant par 100 les deux termes de la première, ces deux fractions décimales sont donc égales.

151. — II. *Pour multiplier ou pour diviser un nombre décimal par une puissance de 10, on transporte la virgule à droite ou à gauche, d'autant de rangs qu'il y a d'unités dans la puissance de 10.*

Soit à multiplier le nombre 5,4325 par 10^3, nous allons établir que :

$$5{,}4325 \times 10^3 = 5432{,}5$$

En effet :

$$5{,}4325 = \frac{54325}{10000}$$

Multiplions les deux membres de cette égalité par 1000 :

$$5{,}4325 \times 10^3 = \frac{54325 \times 1000}{10000} = \frac{54325}{10} = 5432{,}5$$

De même, soit à diviser par 100 le nombre 3,45, nous allons montrer que :

$$3{,}45 : 100 = 0{,}0345$$

En effet :

$$3{,}45 = \frac{345}{100}$$

Or, pour diviser une fraction par 100, on multiplie son dénominateur par 100, donc :

$$3,45 : 100 = \frac{345}{10000} = 0,0345$$

152. — III. *Si l'on supprime un nombre quelconque de chiffres à la droite d'un nombre décimal, on commet une erreur moindre qu'une unité de l'ordre du dernier chiffre conservé.*

Soit le nombre :

35,84256

Négligeons les trois derniers chiffres à droite, nous formons le nombre 35, 84, qui diffère du premier de 256 *cent-millièmes*.

Or :

$$\frac{256}{100000} < \frac{1000}{100000} = \frac{1}{100}$$

Donc, la différence entre les deux nombres 35,84256 et 35,84 est inférieure à 1 *centième*, c'est-à-dire *qu'en négligeant les trois derniers chiffres à droite, on commet une erreur moindre qu'une unité de l'ordre du dernier chiffre conservé.*

Remarque. — Le nombre 35,84 est dit *approché par défaut* à 0,01 près, parce que sa différence avec le *nombre exact* est inférieure à 0,01.

153. — IV. *Si, ayant supprimé un certain nombre de chiffres à droite d'un nombre décimal, on augmente le dernier chiffre conservé d'une unité, on commet une erreur moindre qu'une unité de l'ordre du dernier chiffre conservé.*

Soit le nombre :

35,84256

Négligeons les trois derniers chiffres à droite, et augmentons le précédent d'une unité, nous formons le nombre 35,85 dont l'excès sur le nombre proposé est de :

$$\frac{1000 - 256}{100000} = \frac{644}{100000}$$

Cet excès est inférieur à $\frac{1000}{100000}$ ou à $\frac{1}{100}$.

Remarques. — 1. Le nombre 35,85 est dit *approché par excès* à 0,01 près, parce que son excès sur le nombre exact est inférieur à 0,01.

II. Généralement, quand on supprime quelques chiffres à la droite d'un nombre décimal, on *force* le premier chiffre conservé quand le premier chiffre de la partie effacée est supérieur à 5.

Soit le nombre :

83,43528

Supprimons les deux derniers chiffres à droite, le nombre 83,435 diffère du nombre exact de $\frac{28}{100000}$, l'erreur est donc inférieure à $\frac{50}{100000}$ ou à $\frac{1}{2} \times \frac{1}{1000}$.

C'est-à-dire : *L'erreur est moindre qu'une demi-unité de l'ordre du dernier chiffre conservé quand le premier chiffre supprimé est inférieur à 5.*

Ainsi, le nombre 83,435 est approché par défaut à une demi-unité près de l'ordre du dernier chiffre conservé.

Soit, au contraire, le nombre :

83,43582

Supprimons les deux derniers chiffres à droite et forçons le précédent d'une unité; nous obtenons le nombre 83,436, qui diffère du nombre exact de $\frac{18}{100000}$. L'erreur est donc inférieure à $\frac{50}{100000}$ ou à $\frac{1}{2} \times \frac{1}{1000}$.

C'est-à-dire : *L'erreur est moindre qu'une demi-unité de l'ordre du dernier chiffre conservé, quand le premier chiffre supprimé est supérieur à 5 et qu'on force le précédent d'une unité.*

Ainsi, le nombre 83,436 est approché par excès à une demi-unité près de l'ordre du dernier chiffre conservé.

154. — *Lecture d'un nombre décimal.*

Soit à lire le nombre décimal :

25,439

On voit que ce nombre se compose de 25 *unités* et de 439 *millièmes*. D'où la règle :

Enoncer d'abord la partie entière, s'il y en a une; lire ensuite la partie décimale, comme si elle représentait un nombre entier, en la faisant suivre du nombre des unités décimales représentées par le dernier chiffre décimal du nombre.

Ainsi, le nombre 435,2889 se lira : quatre cent trente-cinq *unités*, deux mille huit cent quatre-vingt-neuf *dix-millièmes*.

Remarques. — I. On peut lire aussi le nombre entier obtenu en supprimant la virgule, en le faisant suivre du nom des unités décimales représentées par le dernier chiffre décimal du nombre.

Ainsi, le nombre 48,349 peut se lire : quarante-huit mille trois cent quarante-neuf millièmes. Cela résulte de l'égalité :

$$48{,}349 = \frac{48349}{1000}.$$

II. On peut aussi décomposer la partie décimale en tranches de trois chiffres à partir de la gauche, en ayant soin d'inscrire à la droite de la dernière tranche un ou deux zéros, si cette dernière tranche ne contient pas trois chiffres; on lit ensuite la partie entière; puis, séparément, chacune des tranches en faisant suivre leur lecture du nom des unités décimales qu'elles représentent.

Soit à lire le nombre :

432,2934357892

On l'écrira :

432,293.435.789.200

On lira : 432 *unités*, 293 *millièmes*, 435 *millionièmes*, 789 *billionièmes*, 200 *trillionièmes*.

§ II. — OPÉRATIONS SUR LES NOMBRES DÉCIMAUX

Addition

135. — Il s'agit de réunir en un seul nombre toutes les unités et parties décimales de l'unité contenues dans plusieurs nombres donnés. Comme cette réunion peut être effectuée dans un ordre quelconque (nº 12), on réunira successivement les unités de même ordre.

Soit à additionner les nombres décimaux :

31,438 2,039 83,2356 0,028.

Écrivons ces nombres les uns au-dessous des autres, de façon que les virgules se trouvent dans une colonne verticale, les unités de même ordre se trouveront les unes au-dessous des autres, et leur addition pourra s'effectuer comme pour les nombres entiers. D'où la disposition suivante :

	31,438
	2,039
	83,2356
	0,028
Total.	116,7406

En effet, dans la dernière colonne à droite, on a 6 *dix-millièmes*, qu'on écrit au total. La colonne suivante contient des *millièmes* dont le total est 30 ou 3 *centièmes;* on écrit 0 au total et on réunit les 3 *centièmes* à ceux de la colonne suivante, etc.

D'où l'on conclut la règle suivante :

Règle. — Pour additionner plusieurs nombres décimaux, on les écrit les uns au-dessous des autres de façon que les virgules se trouvent dans une même colonne verticale, on effectue ensuite l'addition comme pour les nombres entiers; enfin, on met au total une virgule sous la colonne des virgules.

Soustraction

156. — Nous nous proposons de retrancher d'un nombre décimal donné, toutes les unités entières ou décimales contenues dans un second nombre donné. Comme cette opération peut se faire dans un ordre quelconque (nº 14), nous retrancherons successivement chacune des unités des différents ordres qui composent le deuxième nombre des unités de même ordre du premier.

Soit à soustraire :

375,431 de 2315,898

Nous écrirons le nombre à soustraire sous le nombre dont on soustrait de façon que les virgules se correspondent, toutes les unités des différents ordres entiers ou décimaux se correspondront; nous aurons la disposition suivante :

	2315,898
	375,431
Reste.	1940,467

Règle. — Pour soustraire deux nombres décimaux, on écrit le nombre à soustraire sous l'autre nombre, de manière que les virgules se correspondent, et l'on opère comme s'il s'agissait de nombres entiers; on met ensuite au résultat une virgule sous la colonne des virgules.

Remarque. — Lorsque les deux nombres n'ont pas le même nombre de chiffres décimaux, on inscrit des zéros à la droite du nombre décimal qui a le moins de chiffres décimaux jusqu'à ce que les deux nombres aient le même nombre de chiffres décimaux.

Multiplication

157. — Pour étudier la multiplication des nombres décimaux, nous prendrons ces nombres sous leur forme fractionnaire.

Soit à multiplier 24,345 par 8,49. Ces deux nombres peuvent s'écrire :

$$\frac{24345}{1000} \text{ et } \frac{849}{100}$$

D'où l'égalité :

$$24{,}345 \times 8{,}49 = \frac{24345}{1000} \times \frac{849}{100} = \frac{24345 \times 849}{100000}$$

On voit donc, qu'ayant effectué la multiplication 24347 × 849, il faudra exprimer que le produit représente des *cent-millièmes;* c'est-à-dire séparer 5 chiffres décimaux à la droite du produit.

D'où la règle : *Pour multiplier deux nombres décimaux, on effectue la multiplication comme si les nombres étaient entiers, puis on sépare à la droite du produit autant de chiffres décimaux qu'il y en a dans les deux facteurs.*

Division

158. — Il n'est pas possible, en général, de trouver un nombre décimal dont le produit par le diviseur reproduise le dividende.

Considérons, par exemple, la division 0,07 : 03. Nous pouvons l'écrire :

$$\frac{7}{100} : \frac{3}{10} = \frac{70}{300} = \frac{7}{30}$$

Le quotient est donc $\frac{7}{30}$, or, il n'existe pas de fraction décimale équivalente à $\frac{7}{30}$. En effet, soit l'égalité :

$$\frac{7}{30} = \frac{N}{10^\alpha}$$

La première fraction étant irréductible, 10^α devrait être un multiple de 30, c'est impossible, puisque 10^α ne contient pas le facteur 3.

Nous nous proposerons donc, pour la division des nombres décimaux, *de former un nombre décimal, appelé quotient, qui contienne le plus grand nombre d'unités décimales d'un ordre donné, et dont le produit, par le diviseur, puisse se retrancher du dividende.*

Nous distinguerons deux cas :

1° *Le diviseur est un nombre entier.*

Soit à effectuer, à 1 *millième* près, la division :

$$435{,}43278 : 29$$

Je dis qu'il suffit de prendre dans le dividende, à gauche, tous les chiffres jusqu'à celui des millièmes inclusivement, et de faire la division comme pour les nombres entiers.

Le quotient obtenu représentera le nombre de millièmes cherché.

En effet, supposons effectuée la division, à 1 unité près, des nombres 435.432 et 29; nous trouvons 15014 pour quotient, de sorte que :

$$29 \times 15014 < 435432 < 29 \times 15015 \qquad (1)$$

Les deux nombres 435432 et 29×15015, sont des nombres entiers différents; ils diffèrent au moins d'une unité, on peut ajouter 0,78 au plus petit sans altérer les inégalités (1), on obtient ainsi :

$$29 \times 15014 < 435432{,}78 < 29 \times 15015 \qquad (2)$$

Divisons chacun des termes par 1000 :

$$29 \times \frac{15014}{1000} < 435{,}43278 < 29 \times \frac{15015}{1000}$$

Ces inégalités montrent que le dividende contient le produit du diviseur par 15014 *millièmes*, mais qu'il ne contient pas le produit du diviseur par 15015 *millièmes*; 15014 *millièmes* est donc le quotient à 1 *millième* près par défaut.

Règle. — On prend dans le dividende la partie entière suivie de la partie décimale représentant des unités de l'ordre décimal que l'on veut obtenir au quotient. On divise le nombre entier ainsi formé par le diviseur, et on sépare à la droite du quotient autant de chiffres décimaux qu'on en a pris dans le dividende.

2° *Le diviseur est un nombre décimal.*

On ramène ce cas au précédent en rendant le diviseur entier. Il suffit, pour cela, de multiplier le dividende et le diviseur par une puissance de 10, dont l'exposant est égal au nombre des chiffres décimaux du diviseur.

Soit à effectuer, à 0,01 près, la division :

$$45,43289 : 3,15$$

Multiplions les deux nombres par 100 et considérons la division du nombre 4543,289 par 315. Pour obtenir ce quotient à 0,01 près, il faut, d'après ce qui précède, diviser le nombre 454.328 par 315. Le quotient est 1442. Donc :

$$315 \times 1442 < 454328,9 < 315 \times 1443$$

d'où :

$$315 \times \frac{1442}{100} < 4543,289 < 315 \times \frac{1443}{100}$$

d'où enfin :

$$3,15 \times \frac{1442}{100} < 45,43289 < 3,15 \times \frac{1443}{100}$$

Par conséquent, 1442 est bien le quotient des deux nombres décimaux à 0,01 près.

Règle. — On multiplie les deux nombres décimaux par une puissance de 10 marquée par le nombre des chiffres décimaux du diviseur; on procède ensuite comme dans le premier cas.

§ III. — OPÉRATIONS ABRÉGÉES

But des Méthodes abrégées

159. — Les règles établies jusqu'ici pour le calcul des nombres entiers et des nombres décimaux, permettent de trouver le résultat exact des calculs à effectuer sur ces nombres. Seul, le quotient de deux nombres décimaux ne peut pas, en général, se calculer exactement, mais on peut l'obtenir, ainsi que nous l'avons vu, avec une approximation déterminée.

Dans la pratique, lorsque les opérations portent sur des nombres décimaux ayant un grand nombre de chiffres, il n'est pas nécessaire d'obtenir le résultat exact, une valeur approchée suffit. On a recours alors à des méthodes de calcul plus rapides, dites *méthodes abrégées*, dans lesquelles on n'emploie que les chiffres décimaux strictement nécessaires pour obtenir l'approximation désignée.

Supposons, par exemple, que le résultat d'une opération soit le nombre 35,83497 et qu'une approximation de 0,01 suffise. Le résultat approché sera donc (nº 152) 35,83, et il n'était pas nécessaire de calculer les autres chiffres.

Addition

160. — On se propose d'obtenir, avec une approximation donnée, le total de plusieurs nombres décimaux.

1er *cas. — Il y a moins de dix nombres décimaux.*

Soit à effectuer, à 0,01 près, l'addition :

$$5{,}3467 + 15{,}89382 + 0{,}00359$$

Disposons l'opération comme d'habitude, en prenant seulement 3 chiffres décimaux dans chacun des nombres :

$$\begin{array}{r} 5{,}346 \\ 15{,}893 \\ 0{,}003 \\ \hline 21{,}242 \end{array}$$

Supprimons le dernier chiffre à droite et augmentons le précédent d'une unité, le nombre 21,25 sera, à 0,01 près, le total des nombres donnés.

En effet, en négligeant, dans chacun des nombres, les chiffres qui suivent celui des *millièmes*, nous avons commis, pour chaque nombre, une erreur moindre que 0,001; puisqu'il y a moins de 10 nombres, l'erreur totale sera moindre que 10 *millièmes* ou que 1 *centième*.

D'où la double inégalié :

$$21{,}242 < \text{total exact} < 21{,}252$$

Le nombre 21,25 est donc compris, soit entre 21,242 et le *total exact*, et, dans ce cas, l'erreur est moindre que 0,01; soit entre le *total exact* et 21,252 et 21,252 et l'erreur est encore moindre que 0,01. Donc, le nombre 21,25 est approché à 0,01 près, par défaut ou par excès, du nombre exact.

D'où la règle :

On prend dans chaque nombre un chiffre décimal de plus qu'on n'en veut obtenir au total, on additionne les nombres ainsi formés, puis on supprime le dernier chiffre à droite, en ayant soin d'augmenter le précédent d'une unité.

2e *cas. — Il y a plus de 10 nombres décimaux et moins que 100.*

En raisonnant comme dans le premier cas, on verra qu'il faut prendre dans les nombres *deux* chiffres décimaux de plus qu'on n'en veut obtenir au total, faire le total, supprimer les deux derniers chiffres à droite et augmenter le précédent d'une unité.

Soustraction

161. — Soit à obtenir, à 0,01 près, la différence des nombres :

421,45849, 89,8231

Prenons dans chacun des deux nombres autant de chiffres décimaux que nous voulons en obtenir dans la différence et effectuons la soustraction des nombres ainsi formés :

$$\begin{array}{r} 421{,}43 \\ 89{,}82 \\ \hline 331{,}61 \end{array}$$

Le nombre 331,61 sera, à 0,01 près, la différence des nombres proposés.

En effet, l'erreur commise sur chacun des deux nombres est inférieure à 0,01 (nº 152), l'erreur commise sur la différence sera aussi inférieure à 0,01.

D'où la règle :

On prend, dans chacun des deux nombres, autant de chiffres décimaux qu'on veut en obtenir dans la différence, et on effectue la soustraction des deux nombres ainsi formés.

Multiplication

162. — Soit à calculer, à 0,001 près, le produit des deux nombres :

58,78432589436, 435,84587932

Nous appliquerons la règle suivante :

Règle. — Prendre, dans chacun des deux nombres, deux chiffres décimaux de plus qu'on n'en veut obtenir au produit (ici on en prendra 5). Ecrire au-dessous du multiplicande le multiplicateur dont on a renversé l'ordre des chiffres, en ayant soin de placer le chiffre des unités du multiplicateur sous le chiffre du multiplicande qui représente des unités de cinquième ordre décimal. Multiplier chaque chiffre du multiplicateur par la partie du multiplicande située au-dessus et à gauche. Ecrire tous les produits partiels ainsi obtenus les uns au-dessous des autres, de manière que les derniers chiffres à droite se correspondent. Faire le total de ces produits partiels, supprimer les deux derniers chiffres à droite et augmenter le chiffre précédent d'une unité. Enfin, séparer par une virgule les trois derniers chiffres à droite.

Effectuons le produit par la règle indiquée :

```
     5878432589436
   23978548534
   ____________
   2351373032
   .176352975
   ..29392160
   ...4702744
   ....235136
   .....29390
   ......4696
   .......416
   ........45
   ____________
   2562090594
```

Nous obtenons le produit :

$$25620,906$$

Il faut montrer que ce produit diffère du produit exact de moins de 0,001.

D'abord, *tous les produits partiels représentent des cent-millièmes.* En effet, considérons le troisième produit partiel :

$$5.878.432 \times 5$$

il représente le produit des *cent-millièmes* du multiplicande par les *unités* du multiplicateur, c'est donc un certain nombre de cent-millièmes.

Si nous considérons maintenant le produit suivant :

$$587.843 \times 8$$

il représente le produit des *dix-millièmes* du multiplicande par les *dixièmes* du multiplicateur, c'est aussi un certain nombre de cent-millièmes. En général, quand on passe d'un produit partiel au suivant, on voit que le nouveau multiplicande représente des unités qui valent dix fois celles du multiplicande précédent; au contraire, le nouveau multiplicateur représente des unités qui sont le dixième de celles du multiplicateur qui précède, donc, chaque produit partiel représente des unités de même ordre. Il en est de même, pour les produits partiels qui précèdent le troisième.

Evaluons maintenant l'erreur commise. Ici, il y a deux causes d'erreurs.

1° *On a négligé le produit de chacun des chiffres du multiplicateur par la partie du multiplicande située au-dessus et à droite.*

Or, lorsqu'on supprime une partie quelconque à la droite du multiplicande, on commet une erreur inférieure à une unité de l'ordre du dernier chiffre conservé (n° 152).

Par exemple, pour le premier produit partiel, on néglige la partie 9436 du multiplicande, on commet une erreur inférieure à une unité de l'ordre du chiffre 8, c'est-à-dire à 0,0000001, le produit de cette partie par 400 sera inférieure à :

$$0,0000001 \times 400 = 4 \textit{ cent-millièmes}$$

On verra, de même, que l'erreur commise pour le second produit partiel est inférieure à :

$$0,000001 \times 30 = 3 \textit{ cent-millièmes}$$

Et ainsi de suite, *pour chaque produit partiel*, l'erreur *commise est inférieure à un nombre de cent-millièmes égal au chiffre employé au multiplicateur.*

La somme des erreurs commises pour tous les produits partiels sera inférieure à un nombre de cent-millièmes égal à la somme des chiffres employés au multiplicateur.

Soit E_1 cette erreur :

$$E_1 < (9 + 7 + 8 + 5 + 4 + 8 + 5 + 3 + 4) \text{ cent-millièmes}$$

2° *On a négligé le produit de tout le multiplicande par la partie 23 du multiplicateur située à gauche.*

Cette partie négligée au multiplicateur vaut 32 *cent-millionièmes* et est inférieure à 40 *cent-millionièmes*. D'ailleurs, le multiplicande est inférieur à 100, le produit négligé est donc inférieur à :

$$100 \times 0{,}0000004 = 4 \text{ cent-millièmes}$$

La seconde erreur est donc inférieure à un nombre de cent-millièmes égal au premier chiffre non employé au multiplicateur, ce chiffre étant augmenté d'une unité.

Soit E_2 cette erreur :

$$E_2 < (3 + 1) \text{ cent-millièmes}$$

L'erreur totale $E_1 + E_2$ est donc inférieure à un nombre de cent-millièmes égal à la somme des chiffres employés au multiplicateur, plus le chiffre suivant augmenté d'une unité.

Si cette somme est inférieure à 100, ce qui a toujours lieu quand il n'y a pas plus de 10 produits partiels, l'erreur totale est inférieure à 100 *cent-millièmes* ou à 1 *millième*.

Si nous désignons par P le produit exact, nous aurons :

$$25620{,}90594 < P < 25260{,}90694$$

Le nombre 25.620,906 sera dont compris, soit entre le nombre 25.620,90594 et P; soit entre les nombres P et 24.620,90694. Dans les deux cas, le nombre 25.620,906 diffère de P de moins de 0,001.

Remarques. — I. Lorsque tous les chiffres du multiplicateur sont employés, la première cause d'erreur subsiste seule.

II. Dans la pratique, on n'écrit pas les chiffres du multiplicande et du multiplicateur qui ne doivent pas être employés. L'opération est ainsi disposée :

587843258
978548534

2351373032
.176352975
..29392160
...4702744
....235136
.....29390
......4966
.......416
........45

2562095094

Division

163. — Soit à effectuer, à 0,01 près, la division :

538,439567 : 8,435879

Nous appliquerons la règle suivante :

Déterminer le nombre des chiffres du quotient, prendre deux chiffres de plus au diviseur, le nombre ainsi formé est le premier diviseur. *Faire le produit des unités de l'ordre le plus élevé du quotient par les unités de l'ordre le plus faible du diviseur et prendre dans le dividende les unités de l'ordre décimal ainsi obtenu; ce sera* le premier dividende. *On divisera le premier dividende par le premier diviseur, on obtiendra le premier chiffre du quotient. On supprime un chiffre à la droite du diviseur et on divise le reste obtenu par ce* deuxième diviseur. *On continue de la même façon jusqu'à ce qu'on ait obtenu tous les chiffres du quotient.*

Appliquons cette règle à l'exemple proposé, nous obtenons, comme opération, la division suivante :

5384395	843587
322873	6382
69799	
2319	
633	

En effet, pour déterminer le nombre des chiffres du quotient, il suffit de déterminer le nombre des chiffres de la partie entière puisqu'on connaît celui de la partie décimale. Or, la partie entière du quotient est le quotient des deux nombres décimaux calculé à une unité près; on sait déterminer le nombre des chiffres de ce quotient.

Dans l'exemple proposé, on reconnaît qu'il y a *deux* chiffres à la partie entière du quotient, et, comme on veut calculer *deux* chiffres à la partie décimale, le quotient aura, en tout, quatre chiffres. Prenons *deux* chiffres de plus au diviseur, soit *six*. Le dernier chiffre à droite du diviseur représentera alors des *cent-millièmes;* le premier chiffre du quotient représente des *dizaines*, faisons le produit :

$$0{,}00001 \times 10 = 0{,}0001$$

Prenons dans le dividende les *dix-millièmes*, nous formerons ainsi le *premier dividende* 5384395, que nous diviserons par le *premier diviseur* 843587. Le premier chiffre du quotient est 6, le reste est 322873.

Divisons ce reste par le *deuxième diviseur* 84.358, obtenu en supprimant le dernier chiffre à droite du premier diviseur, nous obtenons pour quotient 3, c'est le second chiffre du quotient, le reste est 69799. Divisons-le par le *troisième diviseur* 8435, nous obtenons le troisième chiffre du quotient 8. Nous obtiendrons le quatrième chiffre 2 en divisant le troisième reste 2319 par le *quatrième diviseur* 843. Le quotient de la division est donc 6382. Nous allons montrer que le nombre :

$$63{,}82$$

est le quotient des deux nombres décimaux à 0,01 près.

En procédant, comme nous venons de le faire, nous avons retranché du dividende le produit abrégé :

$$8{,}43587 \times 63{,}82$$

Car nous avons retranché du dividende le produit :

$$\begin{array}{r} 843587 \\ 2836 \\ \hline \end{array}$$

Et ce produit a été effectué suivant la règle de la multiplication abrégée. Le chiffre 6, qui représente les *dizaines* du multiplicateur, étant écrit sous le chiffre 7 qui représente les *cent-millièmes* du multiplicande, tous les produits partiels représentent des *dix-millièmes*.

Soit P le produit abrégé, l'erreur E, commise en effectuant par la méthode abrégée, le produit du diviseur par le quotient est inférieur à $\frac{S}{10^4}$; S, désignant la somme des chiffres du quotient.

Nous pouvons écrire, en désignant par D le dividende par d, le diviseur et par R le reste de la division effectuée, suivi des chiffres non employés au dividende :

$$D = P + R$$

Mais :

$$P = d \times 63{,}82 - E$$

Donc :

$$D = d \times 63{,}82 + R - E$$

Ou :

$$\frac{D}{d} = 63{,}82 + \frac{R}{d} - \frac{E}{d}$$

Le nombre 63,82 est donc le quotient approché et l'erreur est :

$$\frac{E}{d} - \frac{R}{d}$$

Montrons que cette erreur est inférieure à 0,01.

On a les inégalités évidentes :

$$R < \frac{634}{10^4}$$

$$d > \frac{843}{10^2}$$

Donc :

$$\frac{R}{d} < \frac{634}{10^4} : \frac{843}{10^2} = \frac{634}{843} \times \frac{1}{10^2}$$

Et :

$$\frac{E}{d} < \frac{S}{10^4} : \frac{843}{10^2} = \frac{S}{843} \times \frac{1}{10^2}$$

Or, la fraction $\frac{634}{843}$ est au plus égale à l'unité, puisque 633 est le reste d'une division dont 843 est le diviseur.

De même, la fraction $\frac{S}{843}$ est inférieure à 1, puisque S est inférieur à

100 et que le dernier diviseur, tel que 843, est toujours un nombre de trois chiffres. (On prend, en effet, deux chiffres de plus au diviseur qu'on n'en veut obtenir au quotient.) Les fractions $\frac{R}{d'}$, $\frac{E}{d}$ sont donc toutes deux au plus égales à 0,01, leur différence est inférieure à 0,01.

L'erreur commise en appliquant la règle indiquée, étant inférieure à 0,01, le nombre 63,82 est bien le quotient à 0,01 près.

Remarque. — Il peut se faire que l'un des restes contienne 10 fois le diviseur correspondant. Supposons, par exemple, que, dans le cours des opérations, on ait pour dividende le nombre 731.065 et pour diviseur le nombre 243.689, effectuons cette division :

731065	243689
243687	2 (10)
7	

Le quotient est 2 et le reste est 243.687; si nous supprimons le dernier chiffre à droite du diviseur employé pour obtenir le diviseur suivant, nous voyons que le reste 243.687 contient 10 fois ce diviseur 24.368, le nouveau reste est alors un nombre d'un seul chiffre; or, le dernier diviseur a toujours 3 chiffres, donc, les autres chiffres du quotient sont tous des zéros.

Donc, dans ce cas, *on force le chiffre précédent du quotient d'une unité et on écrit à sa droite autant de zéros qu'il reste de chiffres à écrire au quotient.*

§ IV. — CONVERSION DES FRACTIONS ORDINAIRES EN FRACTIONS DÉCIMALES

164. — Les calculs à effectuer sur des fractions sont, en général, moins simples que les calculs où figurent des nombres décimaux; aussi, dans la pratique, transforme-t-on les fractions ordinaires en fractions décimales, soit exactement, soit avec une approximation déterminée.

165. — *Théorème.* — *La condition nécessaire et suffisante, pour qu'une fraction ordinaire soit équivalente à une fraction décimale, est que son dénominateur ne contienne que les facteurs premiers 2 et 5.*

La condition est nécessaire.

Soit une fraction irréductible $\frac{a}{b}$, supposons-la équivalente à la fraction décimale $\frac{N}{10^{\alpha}}$:

$$\frac{a}{b} = \frac{N}{10^{\alpha}}$$

La fraction $\frac{a}{b}$ étant irréductible, 10^{α} doit être un multiple de b (n° 134). Or, les seuls facteurs premiers qui composent 10^{α} sont les facteurs 2 et 5; b ne doit donc contenir que ces facteurs.

La condition est suffisante.

Soit la fraction $\frac{a}{2^{\alpha} \times 5^{\beta}}$, supposons $\alpha > \beta$. Multiplions les deux termes de la fraction par 10^{α} :

$$\frac{a}{2^{\alpha} \times 5^{\beta}} = \frac{a \times 10^{\alpha}}{10^{\alpha} \times 2^{\alpha} \times 5^{\beta}} = \frac{a \times 2^{\alpha} \times 5^{\alpha}}{10^{\alpha} \times 2^{\alpha} \times 5^{\beta}} = \frac{a \times 5^{\alpha-\beta}}{10^{\alpha}}$$

Ainsi, la fraction $\frac{a}{b}$ est égale à la fraction décimale $\frac{a \times 5^{\alpha-\beta}}{10^{\alpha}}$; on peut l'écrire aussi sous la forme d'un nombre décimal ayant α chiffres décimaux.

Remarques. — I. Le nombre des chiffres décimaux est égal à la plus haute puissance des facteurs 2 et 5 composant le dénominateur.

II. Pour former le nombre décimal équivalant à la fraction, on suit la règle suivante :

Multiplier le numérateur de la fraction par une puissance de 10, dont l'exposant est égal à l'exposant le plus élevé des facteurs 2 et 5 qui se trouvent dans le dénominateur. Diviser le produit obtenu par le dénominateur. Séparer à la droite du quotient un nombre de chiffres décimaux égal à l'exposant de la puissance de 10, par laquelle on a multiplié le numérateur.

Exemple. — Convertir en *décimales* la fraction $\frac{3}{40}$:

$$40 = 2^3 \times 5$$

Effectuons la division de 3000 par 40 :

$$3000 : 40 = 75$$

Donc :

$$\frac{3}{40} = 0{,}075$$

166. — *Théorème.* — *Lorsque le dénominateur d'une fraction décimale ne contient pas uniquement les facteurs 2 et 5, la conversion en décimales ne peut se faire exactement, mais on peut l'obtenir avec une approximation donnée.*

Soit la fraction irréductible $\frac{a}{b}$, dont le dénominateur b ne contient pas uniquement les facteurs 2 et 5. Proposons-nous de déterminer le plus grand nombre d'unités décimales de l'ordre α contenues dans cette fraction. Soit x ce nombre.

On doit avoir :

$$\frac{x}{10^\alpha} < \frac{a}{b} < \frac{x+1}{10^\alpha}$$

D'où :

$$x < \frac{a \times 10^\alpha}{b} < x + 1$$

Le nombre cherché est donc le quotient, calculé à une unité près, des nombres a $\times$ 10$^\alpha$ *et* b.

D'où la règle :

Pour déterminer un nombre décimal différant de la fraction d'une quantité inférieure à une unité de l'ordre α, on multiplie le numérateur par 10^α, on effectue, à une unité près, le quotient de ce produit par le dénominateur, et on sépare α chiffres décimaux à la droite du quotient ainsi obtenu.

Exemple. — Calculer, à 0,001 près, la valeur de la fraction $\frac{15}{21}$.

Effectuons, à une unité près, la division :

$$15000 : 21$$

Le quotient est 714, le nombre décimal cherché est 0,714.

Remarques. — I. D'après ce qui précède, pour transformer une fraction en décimales, il faut effectuer une division telle que :

$$a \times 10^\alpha : b$$

On peut d'abord diviser a par b, *c'est extraire les entiers de la fraction;* puis, inscrire un zéro à la droite du reste et le diviser par b, et ainsi de suite, jusqu'à ce qu'on ait obtenu α chiffres décimaux.

Par conséquent, dans la conversion des fractions ordinaires en fractions décimales, *on peut ne s'occuper que des fractions inférieures à l'unité,* puisque la première partie du développement se compose toujours des entiers contenus dans la fraction.

En outre, au lieu d'inscrire α zéros à la droite du numérateur, on peut inscrire un zéro seulement, diviser le nombre formé par le dénominateur; inscrire un zéro à la droite du reste et le diviser par le dénominateur, et ainsi de suite jusqu'à ce qu'on ait obtenu α chiffres décimaux.

Exemple. — Calculer, à 0,0001 près, la fraction $\frac{3}{7}$.

On effectue les opérations suivantes :

$$\begin{array}{r|l} 30 & 7 \\ \cline{2-2} 20 & 0{,}4285 \\ 60 & \\ 40 & \\ 5 & \end{array}$$

$$\frac{3}{7} = 0,\ 4285 \text{ à } 0{,}0001 \text{ près.}$$

II. Lorsqu'une fraction ordinaire n'est pas équivalente à une fraction décimale, on peut trouver un nombre décimal comprenant α chiffres décimaux et ne différant de la fraction que d'une quantité inférieure à une unité de l'ordre décimal α; or, α est quelconque, on peut donc former un nombre décimal ayant une infinité de chiffres décimaux et différant infiniment peu de la fraction donnée.

Ce nombre décimal est le *développement décimal* de la fraction.

III. Si deux fractions ordinaires ont le même développement décimal, elles sont équivalentes.

Soient les fractions $\frac{a}{b}$, $\frac{c}{d}$, ayant même développement décimal N. On peut écrire :

$$\frac{a}{b} = \frac{N}{10^\alpha} + \varepsilon$$

$$\frac{c}{d} = \frac{N}{10^\alpha} + \varepsilon'$$

ε et ε' étant deux quantités inférieures à $\frac{1}{10^\alpha}$.

Si α est infiniment grand, ε et ε' sont infiniment petits. L'une ou l'autre des deux fractions peut donc être considérée comme la *limite* du nombre décimal.

167. — *Définitions.* — On appelle *fraction décimale périodique*, un

nombre décimal, composé d'un nombre illimité de chiffres décimaux dans lequel les chiffres se reproduisent dans le même ordre, ou *périodiquement*, à partir d'un certain rang.

L'ensemble des chiffres qui se reproduisent constitue la *période*.

La fraction est *périodique simple*, quand la périodicité commence immédiatement après la virgule.

Par exemple, la fraction :

$$0{,}353535.....$$

est périodique simple, la période est 35.

La fraction est périodique mixte, quand la période ne commence pas immédiatement après la virgule; les chiffres qui précèdent la première période s'appellent *chiffres irréguliers*, ou partie *non périodique*.

Par exemple, la fraction :

$$0{,}467353535.....$$

est périodique mixte; la période est 35, la partie non périodique est 467.

168. — *Théorème. — Lorsque le développement décimal d'une fraction est illimité, il est périodique.*

Soit la fraction irréductible $\frac{a}{b}$, inférieure à l'unité, dans laquelle b ne contient pas uniquement les facteurs 2 ou 5. Le développement décimal sera illimité (nº 165).

Considérons les divisions suivantes :

$$(1) \qquad \begin{aligned} a \times 10 &= b \times q_1 + \rho_1 \\ \rho_1 \times 10 &= b \times q_2 + \rho_2 \\ \rho_2 \times 10 &= b \times q_3 + \rho_3 \\ &\ldots\ldots\ldots\ldots \\ \rho_n \times 10 &= b \times q_n + \rho_n \end{aligned}$$

D'après ce qui précède, les quotients q_1, q_2, q_3..... sont des nombres d'un seul chiffre dont l'ensemble constitue le développement décimal de la fraction.

Les restes sont tous inférieurs à b, aucun d'eux n'est nul, autrement le développement décimal serait limité, ce qui est contraire à l'hypothèse; donc, *au bout de* b *opérations au plus, on retrouvera un reste déjà obtenu.*

Soit :

$$\rho_k = \rho_h$$

Considérons les divisions relatives à ces restes :

$$\begin{aligned} \rho_h \times 10 &= b \times q_{h+1} + \rho_{h+1} \\ \rho_k \times 10 &= b \times q_{k+1} + \rho_{k+1} \end{aligned}$$

Les dividendes et les diviseurs de ces deux divisions étant identiques, les quotients et les restes sont aussi égaux (n° 32) :

$$q_{h+1} = q_{k+1}$$
$$\rho_{k+1} = \rho_{h+1}$$

Donc, *à deux restes égaux, correspondent, pour les divisions suivantes, deux quotients égaux et deux nouveaux restes égaux.*

Or, de l'égalité :

$$\rho_{k+1} = \rho_{h+1}$$

On conclura, comme précédemment, que :

$$q_{k+2} = q_{h+2}$$

Ainsi, *les quotients qui suivent deux quotients égaux sont égaux.* Il y a donc périodicité.

169. — *Théorème. — Le développement décimal d'une fraction est périodique simple quand le dénominateur ne contient ni le facteur 2, ni le facteur 5.*

Soit la fraction irréductible $\frac{a}{b}$, inférieure à l'unité, dans laquelle b est premier avec 10.

Considérons encore les divisions (1) et, parmi elles, celles qui fournissent deux restes égaux :

$$\rho_h = \rho_k$$

Ce sont les divisions :

$$\rho_{h-1} \times 10 = b \times q_h + \rho_h$$
$$\rho_{k-1} \times 10 = b \times q_k + \rho_k$$

Retranchons ces deux égalités membre à membre, il vient :

$$(\rho_{h-1} - \rho_{k-1})10 = b(q_h - q_k)$$

Le nombre b doit diviser le premier membre de l'égalité (2), il est premier avec 10, il doit diviser la différence $(\rho_{h-1} - \rho_{k-1})$. Or, les deux termes de cette différence sont des restes de divisions dans lesquelles b est le diviseur, ils sont inférieurs à b, leur différence est aussi inférieure à b et elle ne peut être divisible par b. L'égalité (2) ne peut donc subsister que si :

$$\rho_{h-1} = \rho_{k-1}$$
$$q_h = q_k$$

Donc, les quotients correspondants à deux restes égaux sont égaux et les restes qui précèdent sont aussi égaux.

Or, de l'égalité :

$$\rho_{h-1} = \rho_{k-1}$$

On conclura, comme précédemment, que :

$$q_{h-1} = q_{k-1}$$

Ainsi, *les quotients qui précèdent deux quotients égaux sont égaux.*

La périodicité commence donc au premier quotient.

De même, *le premier reste reproduit est le premier dividende*, c'est-à-dire le numérateur de la fraction.

Exemple. — Soit à convertir en décimales la fraction $\frac{2}{11}$.

Effectuons les opérations suivantes :

$$\begin{array}{r|l} 20 & 11 \\ \cline{2-2} 90 & 0,18 \\ 2 & \end{array}$$

Nous retrouvons le premier dividende 2, nous en concluons que la période est 18, de sorte que :

$$\frac{2}{11} = 0,181818.....$$

170. — *Théorème.* — *Le développement décimal d'une fraction est périodique mixte quand le dénominateur contient, outre les facteurs 2 et 5, d'autres facteurs premiers différents.*

Soit la fraction irréductible $\frac{a}{b}$ inférieure à l'unité, dans laquelle :

$$b = 2^{\alpha} \times 5^{\beta} \times c$$

le facteur c étant supposé premier avec 10.

On a, en supposant $\beta < \alpha$:

$$\frac{a}{b} = \frac{a}{2^{\alpha} \times 5^{\beta} \times c} = \frac{a \times 10^{\alpha}}{2^{\alpha} \times 5^{\beta} \times c \times 10^{\alpha}} = \frac{1}{10^{\alpha}}\left(\frac{a \times 5^{\alpha-\beta}}{c}\right).$$

La fraction $\frac{a \times 5^{\alpha-\beta}}{c}$ pourra se transformer en un nombre décimal dont la partie décimale sera périodique simple, il faudra diviser ce nombre par 10^α, c'est-à-dire reculer la virgule de α rangs vers la gauche, ce qui introduira α chiffres irréguliers dans la partie décimale. *Ce nombre α est l'exposant le plus élevé des facteurs 2 ou 5 qui figurent au dénominateur.*

Remarque. — Si $a \times 5^{\alpha-\beta}$ est supérieur à c, le développement décimal de la fraction $\frac{a \times 5^{\alpha-\beta}}{c}$ aura une partie entière Q, et une partie décimale périodique simple. Désignons par Q_1 le nombre formé par une période. *Si le dernier chiffre de Q pouvait être égal au dernier chiffre de Q_1, la période commencerait un rang plus tôt.*

Supposons, par exemple, qu'on ait obtenu :

$$\frac{a \times 5^{\alpha-\beta}}{c} = 8475,353535.....$$

En divisant ce nombre décimal par une certaine puissance de 10, 10^3, par exemple, on aurait :

$$8,475353535.....$$

fraction décimale dont la période est 53 et non plus 35. *Montrons que cette hypothèse est inadmissible.*

En supposant que la période ait p chiffres, on peut écrire :

$$a \times 5^{\alpha-\beta} = c \times Q + R$$
$$R \times 10^p = c \times Q_1 + R$$

d'où, en retranchant :

$$a \times 5^{\alpha-\beta} - R \times 10^p = c(Q - Q_1) \qquad (1)$$

Si les nombres Q et Q_1 étaient terminés par le même chiffre, la différence $(Q - Q_1)$ serait terminée par un zéro et ce nombre serait divisible par 10. Donc, le facteur 2, divisant le second membre de l'égalité (1), devrait diviser le premier; il divise déjà $R \times 10^p$, il devrait diviser $a \times 5^{\alpha-\beta}$, et, par suite, a, ce qui est impossible, puisque la fraction $\frac{a}{2^\alpha \times 5^\beta \times c}$ est supposée irréductible.

Exemple. — Convertir en décimales la fraction $\frac{51}{220}$:

510	220
700	0,2318
400	
1800	
40	

Nous arrivons au reste 40 déjà obtenu, la période sera donc 18, la partie non périodique est 23, elle se compose de 2 chiffres, puisque $220 = 2^2 \times 5 \times 11$, et que le plus fort des exposants des facteurs 2 ou 5 de ce produit est 2.

Ainsi :

$$\frac{51}{220} = 0{,}23181818.....$$

En résumé, trois cas se présentent dans la conversion des fractions ordinaires en fractions décimales.

1° *Le dénominateur de la fraction ne contient que les facteurs 2 ou 5. Le développement décimal est limité et le nombre des chiffres décimaux est égal au plus fort des exposants des facteurs 2 ou 5 contenus dans le dénominateur.*

2° *Le dénominateur de la fraction ne contient ni 2 ni 5. Le développement est illimité, mais périodique simple.*

3° *Le dénominateur de la fraction contient les facteurs 2 ou 5 et d'autres facteurs premiers différents. Le développement décimal est périodique mixte, le nombre des chiffres irréguliers est égal à l'exposant le plus élevé des facteurs 2 ou 5 qui se trouvent au dénominateur.*

171. — *Remarques.* — I. Nous avons vu (n° 166) que dans la conversion des fractions ordinaires en fractions décimales, il suffisait de s'occuper des fractions inférieures à l'unité. Nous supposons aussi les fractions irréductibles.

Soit la fraction $\frac{a}{b}$ remplissant ces conditions, et produisant un développement décimal périodique simple.

Désignons par Q la période, et par p le nombre des chiffres de cette période. Pour obtenir la première période, il a fallu diviser $a \times 10^p$ par b et le reste cette division est a, d'où l'égalité :

$$a \times 10^p = b \times Q + a$$

II. Lorsqu'on convertit en décimales des fractions irréductibles, inférieures à l'unité et dont le dénominateur est 9, on obtient des fractions périodiques simples, dont la période n'a qu'un seul chiffre, qui est précisément le numérateur de la fraction.

Soit la fraction $\frac{a}{9}$ et considérons l'égalité :

$$a \times 10 = 9 \times Q + a \qquad (1)$$

On en déduit :

$$a(10 - 1) = 9 \times Q$$
$$a \times 9 = 9 \times Q \qquad (2)$$

L'égalité (2) est satisfaite pour $Q = a$.
Ce qui montre que la période se compose du chiffre a.

Ex. :

$$\frac{1}{9} = 0,111111.....$$
$$\frac{2}{9} = 0,222222.....$$
$$\dots\dots\dots\dots$$
$$\frac{8}{9} = 0,888888.....$$

III. — On sait que :

$$10^2 = \text{multiple de } 11 + 1$$

Donc :

$$a \times 10^2 = 11 \times Q + a \qquad (3)$$

Ce qui prouve que toute fraction, dont le dénominateur est 11, se développe selon une fraction décimale périodique simple dont la période a deux chiffres.

De plus, l'égalité (3) peut s'écrire :

$$a(100 - 1) = 11 \times Q$$
$$a \times 99 = 11 \times Q \qquad (4)$$

Le nombre 9, divisant le premier membre de l'égalité (3), doit diviser le second, il est premier avec 11, il doit diviser Q. *Ainsi Q est un nombre de deux chiffres et la somme de ses chiffres est 9.*

Ex. :

$$\frac{1}{11} = 0,090909.....$$
$$\frac{2}{11} = 0,181818.....$$
$$\dots\dots\dots\dots$$
$$\frac{9}{11} = 0,818181.....$$

IV. — Les égalités (3) et (4) montrent de même que toute fraction, dont le dénominateur est un nombre de deux chiffres, diviseur de 99, comme 11, 33, 99, produira un développement décimal périodique simple ayant deux chiffres à la période.

Ex. : $$\frac{5}{33} = 0{,}1515.....$$

Si le dénominateur est 99, la période est égale au numérateur.

En effet, l'égalité (4) devient :

$$a \times 99 = 99 \times Q$$
$$Q = a$$

Ex. : $$\frac{43}{99} = 0{,}4343.....$$

V. Les égalités :

$$10^3 = \text{multiple de } p + 1$$
$$a \times 10^3 = \text{multiple de } p + a$$

montreraient de même que toute fraction, dont le dénominateur est un nombre de trois chiffres diviseur de 999, comme 111, 333, 999, donne naissance à une fraction décimale périodique simple dont la période a trois chiffres. Lorsque le dénominateur est 999, la période est égale au numérateur de la fraction.

Ex. : $$\frac{67}{111} = 0{,}603603.....$$
$$\frac{312}{999} = 0{,}312312312.....$$
$$\frac{25}{999} = 0{,}025025025.....$$

Ici, le numérateur n'a que deux chiffres, la période doit en avoir 3, on la complète par un zéro placé devant le numérateur, la période sera : 025

§ V. — CONVERSION DES FRACTIONS DÉCIMALES EN FRACTIONS ORDINAIRES

172. — Nous nous proposons actuellement de former des fractions ordinaires, équivalentes à des fractions décimales données et appelées, pour cette raison, *fractions génératrices* des fractions décimales. Nous distinguerons trois cas correspondants aux trois formes des fractions décimales.

173. — 1er *cas*. — *La fraction décimale est limitée*.

Soit la fraction décimale :

$$0{,}047$$

La définition même des nombres décimaux fournit l'égalité :

$$0{,}047 = \frac{47}{1000}$$

Donc :

La fraction génératrice d'une fraction décimale limitée a pour numérateur le nombre décimal, abstraction faite de la virgule, et pour dénominateur l'unité suivie d'autant de zéros qu'il y a de chiffres décimaux.

Ex. :

$$45{,}336 = \frac{45336}{1000}$$

$$0{,}0025 = \frac{25}{10000}$$

174. — 2e *cas. — La fraction décimale est périodique simple.*

Soit la fraction décimale :

(1) $$F = 0{,}494949.....$$

Nous pouvons l'écrire :

$$F = \frac{49}{10^2} + \frac{49}{10^4} + ... \frac{49}{10^{2n}} + \frac{40}{10^{2(n+1)}} + ...$$

Désignons par f la fraction décimale formée en prenant n périodes dans F :

(2) $$f = \frac{49}{10^2} + \frac{49}{10^4} + ... \frac{49}{10^{2(n-1)}} + \frac{49}{10^{2n}}$$

Multiplions par 100 les deux membres de l'égalité (2) :

(3) $$100f = 49 + \frac{49}{10^2} + \frac{49}{10^4} + ... \frac{49}{10^{2(n-1)}}$$

Retranchons membre à membre l'égalité (2) de l'égalité (3), en remarquant que toutes les fractions contenues dans l'égalité (3), se trouvant aussi dans l'égalité (2), disparaissent dans la soustraction, il vient :

$$99f = 49 - \frac{49}{10^{2n}}$$

D'où :

(4) $$f = \frac{49}{99} - \frac{49}{99} \times \frac{1}{10^{2n}}$$

Or, si l'on suppose n infiniment grand, la fraction $\frac{49}{99} \times \frac{1}{10^{2n}}$ devient infiniment petite, et la fraction f se réduit à $\frac{49}{99}$.

D'autre part, si f comprend une infinité de périodes, elle se confond avec F, donc :

$$F = \frac{49}{99}$$

Ainsi, la fraction décimale F a pour limite $\frac{49}{99}$.

Réciproquement. — L'égalité (4) peut s'écrire :

$$\frac{49}{99} = f + \frac{49}{99} \times \frac{1}{10^{2n}}$$

La fraction $\frac{49}{99}$ est inférieure à l'unité, son produit par $\frac{1}{10^{2n}}$ est inférieur à une unité de l'ordre décimal $2n$; de sorte que le développement décimal de la fraction $\frac{49}{99}$ *peut avoir autant de chiffres communs qu'on voudra avec la fraction périodique proposée.*

La fraction $\frac{49}{99}$ est donc la *fraction génératrice* de la fraction décimale 0,494949.....

Règle. — La fraction génératrice d'une fraction périodique simple a pour numérateur le nombre formé par la période, et pour dénominateur un nombre composé d'autant de 9 qu'il y a de chiffres dans la période.

Remarques. — I. Dans l'égalité (4), se trouve une fraction telle que $\frac{49}{99}$, qui est toujours inférieure à l'unité lorsque la période n'est pas 9. Montrons qu'aucune fraction ordinaire ne peut produire un développement décimal ayant 9 pour période.

Soit :

$$\frac{a}{b} = 0{,}999.....$$

On aurait l'égalité :

$$a \times 10 = b \times 9 + a$$

Ou :

$$a \times 9 = b \times 9$$
$$a = b$$

Cette égalité exige que la fraction $\frac{a}{b}$ soit égale à l'unité.

II. Si la fraction décimale proposée a une partie entière, on adjoint cette partie entière à la fraction ordinaire formée par la règle précédente.

Ex. : $$327{,}494949\ldots\ldots = 327\,\frac{49}{99}$$

175. — 3e *cas. — La fraction décimale est périodique mixte.*

Soit la fraction décimale :

(1) $$F = 0{,}327494949$$

Nous pouvons l'écrire :

$$F = \frac{327}{10^3} + \frac{49}{10^3 \times 10^2} + \frac{49}{10^3 \times 10^4} + \ldots\ldots \frac{49}{10^3 \times 10^{2n}} + \frac{49}{10^3 \times 10^{2(n+1)}}$$

Désignons par f la fraction décimale formée en prenant n périodes dans F :

2) $$f = \frac{327}{10^3} + \frac{49}{10^3 \times 10^2} + \frac{49}{10^3 \times 10^4} + \ldots\ldots \frac{49}{10^3 \times 10^{2n}}$$

Multiplions successivement f par 10^5 et par 10^3, nous obtiendrons :

(3) $$100000f = 32749 + \frac{49}{10^2} \ldots\ldots + \frac{49}{10^{2(n-1)}}$$

(4) $$1000f = 327 + \frac{49}{10^2} \ldots\ldots + \frac{49}{10^{2(n-1)}} + \frac{49}{10^{2n}}$$

Retranchons ces deux égalités membre à membre, en remarquant que toutes les fractions contenues dans (3) se trouvent aussi dans (4) et disparaissent dans la soustraction, on obtient :

$$99000f = 32749 - 327 - \frac{49}{10^{2n}}$$

(5) $$f = \frac{32749 - 327}{99000} - \frac{49}{99000} \times \frac{1}{10^{2n}}$$

Si l'on suppose n infiniment grand, la fraction $\frac{49}{99000} \times \frac{1}{10^{2n}}$ devient infiniment petite et la fraction f se réduit à $\frac{32749 - 327}{99000}$.

D'ailleurs, si f contient une infinité de périodes, elle se confond avec F, donc :

$$F = \frac{32749 - 327}{99000}$$

De sorte que la fraction F a pour limite $\frac{32749 - 49}{99000}$.

Réciproquement. — L'égalité (5) peut s'écrire :

$$\frac{32749 - 49}{99000} = f + \frac{49}{99000} \times \frac{1}{10^{2n}}$$

La fraction $\frac{49}{99000}$ étant inférieure à l'unité; son produit par $\frac{1}{10^{2n}}$ est inférieur à une unité de l'ordre décimal $2n$. Donc, le développement décimal de la fraction $\frac{32749 - 49}{99000}$ ne diffère de f que d'une quantité inférieure à $\frac{1}{10^{2n}}$; c'est-à-dire que les $2n$ premiers chiffres décimaux du développement seront ceux de f. Comme d'ailleurs, n peut être supposé aussi grand que l'on veut, *le développement décimal de la fraction :*

$$\frac{32749 - 49}{99000}$$

peut avoir autant de chiffres communs qu'on voudra avec la fraction périodique proposée.

Donc, la fraction :

$$\frac{32749 - 49}{99000}$$

est la fraction génératrice de la fraction décimale 0,3274949.....

Règle. — *La fraction génératrice d'une fraction décimale périodique mixte a pour numérateur la différence entre le nombre formé par la partie irrégulière suivie de la première période, et la partie irrégulière. Le dénominateur est un nombre formé d'autant de 9 qu'il y a de chiffres dans la période, suivis d'autant de zéros qu'il y a de chiffres non périodiques.*

Ex. :

$$0{,}25888\ldots\ldots = \frac{258 - 25}{900}$$

$$0{,}1272727\ldots\ldots = \frac{127 - 1}{990}$$

§ VI. — APPLICATIONS

176. — I. *Transformer en décimales les fractions :*

$$\frac{47}{125}, \qquad \frac{85}{111}, \qquad \frac{17}{48}$$

La première fraction $\frac{47}{125}$ est équivalente à une fraction décimale, puisque son dénominateur 125 ne contient que le facteur 5. En effet :

$$125 = 5^3$$

Il y aura trois chiffres décimaux.

Pour les déterminer, nous effectuerons les opérations suivantes :

```
470 | 125
 950 |------
  750 | 0,376
    0 |
```

Donc :

$$\frac{47}{125} = 0,376$$

La seconde fraction $\frac{85}{111}$ donnera une fraction décimale périodique simple, puisque son dénominateur 111 ne contient ni le facteur 2, ni le facteur 5.

De plus, 111 étant un diviseur de $(10^3 - 1)$, la période aura trois chiffres (n° 171). Déterminons-les :

```
850 | 111
 730 |------
  640 | 0,765
   85 |
```

Nous obtenons, au bout de trois divisions, un reste égal au premier dividende, 765 est donc la période :

$$\frac{85}{111} = 0,765765765.....$$

La troisième fraction $\frac{17}{48}$, produira une fraction périodique mixte. En effet :

$$48 = 2^4 \times 3$$

La partie irrégulière aura quatre chiffres, puisque l'exposant du facteur 2 contenu dans le dénominateur est 4 (nº 170).

La période n'aura qu'un seul chiffre, puisque 3 est un diviseur de 9 (nº 171).

Nous effectuerons les opérations suivantes :

```
170    | 48
 260   |--------
  200  | 0,35416
    80 |
   320 |
    32 |
```

La partie irrégulière est 3541, la période est 6, donc :

$$\frac{17}{48} = 0,35416666.....$$

II. *Former les fractions génératrices des fractions décimales périodiques :*

0,003003003......
0,027027027......
0,42222...........
0,142353535......

En appliquant les règles établies aux nºs 172, 173, etc... Nous obtiendrons :

$$0,003003003..... = \frac{3}{999} = \frac{1}{333}$$

$$0,027027027..... = \frac{27}{999} = \frac{3}{111} = \frac{1}{37}$$

$$0,42222.......... = \frac{42-4}{90} = \frac{38}{90} = \frac{19}{45}$$

$$0,142353535..... = \frac{14235-142}{99000} = \frac{14093}{99000}$$

III. — *Démontrer, en s'appuyant sur les propriétés des fractions décimales périodiques, les égalités suivantes :*

$$\frac{45}{99} = \frac{4545}{9999} = \frac{454545}{999999}$$

Considérons la fraction décimale :

0,4545454545.....

La fraction génératrice de cette fraction décimale périodique simple sera l'une ou l'autre des trois fractions :

$$\frac{45}{99}, \quad \frac{4545}{9999}, \quad \frac{454545}{999999}$$

selon qu'on considère la période comme formée de l'un des trois nombres :

45, 4.545, 454.545

Or, on a vu (n° 168) que les fractions ordinaires qui avaient le même développement décimal étaient équivalentes.

IV. *Démontrer que le produit de deux fractions périodiques simples, moindres que l'unité, est une fraction périodique simple.*

Soient f_1, f_2 deux fractions périodiques simples; désignons par $\frac{a}{b}$, $\frac{c}{d}$ les fractions ordinaires irréductibles, génératrices de ces fractions décimales.

Nous avons :

$$f_1 = \frac{a}{b}$$

$$f_2 = \frac{c}{d}$$

$$f_1 \times f_2 = \frac{a \times c}{b \times d}$$

Les fractions $\frac{a}{b}$ et $\frac{c}{d}$ étant inférieures à l'unité, leur produit est aussi inférieur à l'unité, donc, si on réduit la fraction $\frac{a \times c}{b \times d}$ à sa plus simple expression, on forme une fraction $\frac{p}{q}$ dont le dénominateur q est différent de l'unité.

De plus, les dénominateurs b et d ne contiennent ni le facteur 2, ni le ni le facteur 5, le produit $b \times d$ ne contient pas non plus ces facteurs;

donc q ne contient ni 2 ni 5. Par suite, la fraction $\frac{p}{q}$ donne un développement décimal périodique simple, et le produit $f_1 \times f_2$ est une fraction décimale périodique simple.

V. *Convertir chacune des fractions* $\frac{17}{81}, \frac{17}{48}$ *en une somme de fractions ayant pour dénominateurs les puissances successives de 12. Les deux sommes cherchées seront-elles composées d'un nombre limité ou d'un nombre illimité de fractions?*

Soit une fraction irréductible $\frac{p}{q}$ inférieure à l'unité définie par l'égalité :

$$(1) \qquad \frac{p}{q} = \frac{a}{12} + \frac{b}{12^2} + \frac{c}{12^3} + \ldots\ldots \frac{l}{12^n}$$

Réduisons les fractions du second membre au même dénominateur et additionnons tous les numérateurs, il vient :

$$(2) \qquad \frac{p}{q} = \frac{A}{12^n}$$

Cette égalité n'est possible que si le dénominateur q ne contient que les facteurs premiers 2 ou 3, qui sont les seuls facteurs premiers composant 12.

Par conséquent, la fraction $\frac{17}{81}$ donnera lieu à un nombre limité de fractions, puisque $81 = 3^4$.

La fraction $\frac{17}{40}$ en donnera un nombre illimité, puisque $40 = 3^3 \times 5$.

Pour calculer les numérateurs a, b, c..... l, nous multiplierons les deux membres de l'égalité (1) par 12, elle devient :

$$\frac{p \times 12}{q} = a + \frac{b}{12} + \frac{c}{12^2} + \ldots\ldots \frac{l}{12^{n-1}}$$

Extrayons les entiers de la première fraction.

Soit :

$$p \times 12 = q \times Q_1 + R_1$$

D'où :

$$Q_1 + \frac{R_1}{q} = a + \frac{b}{12} + \frac{c}{12^2} + \ldots\ldots \frac{l}{12^{n-1}}$$

donc :

$$Q_1 = a$$

Il reste :

$$\frac{R_1}{q} = \frac{b}{12} + \frac{c}{12^2} + \ldots\ldots \frac{l}{12^{n-1}} \qquad (2)$$

Multiplions encore par 12 les deux membres de l'égalité (2) :

$$\frac{R_1 \times 12}{q} = b + \frac{c}{12} + \ldots\ldots \frac{l}{12^{n-2}}$$

Extrayons les entiers de la première fraction.
Soit :

$$R_1 \times 12 = q \times Q_2 + R_2$$

D'où :

$$Q_2 + \frac{R_2}{q} = b + \frac{c}{12} + \ldots\ldots \frac{l}{12^{n-2}}$$

Donc :

$$Q_2 = b$$

Si l'on considère le tableau des divisions suivantes :

$$\begin{aligned} p \times 12 &= q \times Q_1 + R_1 \\ R_1 \times 12 &= q \times Q_2 + R_2 \\ R_2 \times 12 &= q \times Q_3 + R_3 \\ &\ldots\ldots\ldots\ldots \\ R_{n-1} \times 12 &= q \times Q_n + R_n \end{aligned}$$

On voit que les numérateurs $a, b, c \ldots\ldots l$ sont les quotients successif :

$$Q_1, Q_2 \ldots\ldots Q_n$$

En particulier, pour la fraction $\frac{17}{81}$, nous effectuerons les divisions suivantes :

$$\begin{aligned} 17 \times 12 &= 204 = 81 \times 2 + 42 \\ 42 \times 12 &= 504 = 81 \times 6 + 18 \\ 18 \times 12 &= 216 = 81 \times 2 + 54 \\ 54 \times 12 &= 648 = 81 \times 8 \end{aligned}$$

Par suite :

$$\frac{17}{81} = \frac{2}{12} + \frac{6}{12^2} + \frac{2}{12^3} + \frac{8}{12^4}$$

Pour la fraction $\frac{17}{40}$, les fractions duodécimales seront en nombre illimité, mais les numérateurs se reproduiront périodiquement. Effectuons les divisions :

$$\begin{array}{rcrcl}
17 \times 12 & = & 204 & = & 40 \times 5 + 4 \\
4 \times 12 & = & 48 & = & 40 \times 1 + 8 \\
8 \times 12 & = & 96 & = & 40 \times 2 + 16 \\
16 \times 12 & = & 192 & = & 40 \times 4 + 32 \\
32 \times 12 & = & 384 & = & 40 \times 9 + 24 \\
24 \times 12 & = & 288 & = & 40 \times 7 + 8
\end{array}$$

Nous arrivons au reste 8 déjà obtenu, les divisions se reproduiront périodiquement et la périodicité commencera à la troisième division, les numérateurs irréguliers seront les deux premiers quotients :

$$5, \quad 1$$

La période des numérateurs sera :

$$2, \quad 4, \quad 9, \quad 7$$

De sorte que :

$$\frac{17}{40} = \frac{5}{12} + \frac{1}{12^2} + \overline{\frac{2}{12^3} + \frac{4}{12^4} + \frac{9}{12^5} + \frac{7}{12^6}} + \frac{2}{12^7} + \ldots\ldots$$

Remarque. — On peut étendre à ces fractions duodécimales, tous les principes établis aux développements décimaux des fractions ordinaires. Il suffit, au lieu de considérer les facteurs premiers 2 et 5 qui composent 10, de considérer les facteurs 2 et 3 qui forment 12. Il y aura encore trois cas à distinguer :

1° Si le dénominateur de la fraction ordinaire ne contient que les facteurs premiers 2 ou 3, le développement duodécimal sera limité, le nombre des fractions (1) sera égal au plus fort des exposants des facteurs 2 ou 3 qui composent le dénominateur;

2° Si le dénominateur est premier avec 12, le développement duodécimal sera périodique simple;

3° Si le dénominateur contient les facteurs 2, 3 et d'autres facteurs premiers différents, le développement sera périodique mixte, le nombre des chiffres irréguliers sera égal à l'exposant le plus élevé des facteurs 2 ou 3 compris dans le dénominateur.

CHAPITRE VIII

Carré et racine carrée

§ I. — DÉFINITIONS. — PRINCIPES FONDAMENTAUX

177. — *Définitions*. — *Le carré* ou la *deuxième puissance* d'un nombre quelconque est le produit de deux facteurs égaux à ce nombre.

Ainsi :

$$8^2 = 8 \times 8 = 64$$
$$a^2 = a \times a$$

Réciproquement. — *La racine carrée* d'un nombre est un nombre dont le carré reproduit le premier.

Ainsi, le nombre 8 est la racine carrée de 64, puisque $8 \times 8 = 64$.

De même, le nombre a est la racine carrée de a^2.

Extraire la racine carrée d'un nombre, c'est rechercher sa racine carrée. Le signe de cette opération est le suivant :

On le nomme *radical* et on place sous ce signe le nombre dont on veut extraire la racine.

Ainsi, $\sqrt{64}$ s'énonce : *racine carrée de 64*.

178. — *Principes*. — I. *Le carré d'une fraction s'obtient en effectuant le carré de chacun de ses termes.*

En effet,

$$\left(\frac{5}{7}\right)^2 = \frac{5}{7} \times \frac{5}{7} = \frac{5^2}{7^2} = \frac{25}{49}$$

II. Un nombre est *carré parfait*, quand il est le carré d'un nombre entier ou d'un nombre fractionnaire.

Ainsi, les nombres 64 et $\frac{25}{49}$ sont des carrés parfaits puisque :

$$64 = 8^2$$
$$\frac{25}{49} = \left(\frac{5}{7}\right)^2$$

III. *On obtient le carré d'un produit de facteurs en formant le carré de chacun des facteurs du produit.*

En effet,

$$(a^\alpha \times b^\beta \times c^\gamma)^2 = a^\alpha \times b^\beta \times c^\gamma \times a^\alpha \times b^\beta \times c^\gamma = a^{2\alpha} \times b^{2\beta} \times c^{2\gamma}.$$

On voit qu'il suffit de doubler les exposants de chacun des facteurs du produit.

IV. *La condition nécessaire et suffisante pour qu'un nombre entier soit un carré parfait, est que les exposants de ses facteurs premiers soient tous pairs.*

Ce théorème a été démontré au nº 79.

V. *Le carré d'une fraction irréductible est une fraction irréductible.*

Soit $\frac{a}{b}$ une fraction irréductible, nous savons que :

$$\left(\frac{a}{b}\right)^2 = \frac{a^2}{b^2}$$

Les nombres a et b étant premiers entre eux, les puissances quelconques de ces nombres sont premières entre elles (nº 68); par suite, les nombres a^2 et b^2 sont premiers entre eux et la fraction $\frac{a^2}{b^2}$ est irréductible (nº 134).

VI. *Lorsqu'un nombre entier n'est pas le carré d'un nombre entier, il n'est pas non plus le carré d'un nombre fractionnaire.*

Soit N un nombre qui n'est pas le carré d'un nombre entier, nous allons établir qu'il ne peut être le carré d'une fraction $\frac{a}{b}$. Nous pouvons supposer cette fraction irréductible. Considérons l'égalité :

$$N = \left(\frac{a}{b}\right)^2 = \frac{a^2}{b^2}$$

D'après le principe V, la fraction $\frac{a^2}{b^2}$, carré d'une fraction irréductible, est irréductible, elle ne peut être égale à un nombre entier.

Conséquence. — La racine carrée du nombre N n'étant, ni un nombre entier, ni un nombre fractionnaire, est un *nombre incommensurable*. Cette racine ne saurait être évaluée exactement, mais *on peut l'évaluer avec une approximation aussi grande que l'on veut.*

Considérons, en effet, la suite des nombres entiers et la suite de leurs carrés :

(1) $1, 2, 3, 4, 5 \ldots\ldots n$

(2) $1^2, 2^2, 3^2, 4^2, 5^2 \ldots\ldots n^2$

Le nombre N sera compris entre deux nombres consécutifs de la suite (2); entre K^2 et $(K+1)^2$ par exemple, de sorte qu'on aura :

$$K^2 < N < (K+1)^2$$

Et aussi :

$$K < \sqrt{N} < K+1$$

Ainsi, la racine carrée de N est comprise entre les deux nombres consécutifs K et K + 1.

K, sera la *racine carrée de N à une unité près par défaut.*

K + 1, sera la *racine carrée de N à une unité près par excès.*

Considérons maintenant la suite des nombres fractionnaires :

(3) $$K, K+\frac{1}{p}, K+\frac{2}{p} \ldots\ldots K+\frac{p-1}{p}, K+1$$

Et la suite de leurs carrés :

(4) $$K^2, \left(K+\frac{1}{p}\right)^2, \left(K+\frac{2}{p}\right)^2 \ldots\ldots \left(K+\frac{p-1}{p}\right)^2, (K+1)^2$$

Quel que soit p, le nombre N ne peut faire partie de la suite (4), car il serait le carré d'un nombre fractionnaire, ce qui est impossible. Il sera compris entre deux termes consécutifs de cette suite; entre $K+\frac{h}{p}$, $K+\frac{h+1}{p}$, par exemple.

On aura :

$$\left(K+\frac{h}{p}\right)^2 < N < \left(K+\frac{h+1}{p}\right)^2$$

Et, par suite :

$$K+\frac{h}{p} < \sqrt{N} < K+\frac{h+1}{p}$$

La racine carrée de N se trouve ainsi comprise entre les deux nombres, $K+\frac{h}{p}$ et $K+\frac{h+1}{p}$ qui diffèrent de la fraction $\frac{1}{p}$. Or, cette différence peut être rendue aussi petite qu'on veut, puisqu'on peut prendre

p aussi grand qu'on veut. Nous appellerons racine carrée de N, à $\frac{1}{p}$ près, l'un des nombres :

$$K + \frac{h}{p},\ K + \frac{h+1}{p}$$

Le premier est la *racine carrée approchée par défaut*, le second est la *racine carrée approchée par excès.*

VII. *Le carré de la somme de deux nombres se compose de la somme des carrés de ces nombres, augmentée de leur double produit*

En effet :

$$(a+b)^2 = (a+b)(a+b)$$

Multiplions successivement chacune des parties de la somme $a+b$ par chacune des parties de la même somme $a+b$, nous obtenons :

$$\begin{array}{l} a + b \\ \underline{a + b} \\ a^2 + a \times b \\ \underline{\quad + a \times b + b^2} \\ a^2 + 2ab + b^2 \end{array}$$

D'où la formule :

$$(a+b)^2 = a^2 + 2ab + b^2$$

En particulier, tout nombre supérieur à 10 peut s'écrire :

$$A \times 10 + B$$

Son carré sera :

$$(A \times 10)^2 + 2A \times 10 \times B + B^2$$

C'est-à-dire : *Le carré d'un nombre composé de dizaines et d'unités contient trois parties :*

1° *Le carré des dizaines ;*

2° *Le double produit des dizaines par les unités ;*

3° *Le carré des unités.*

VIII. *La différence des carrés de deux nombres entiers consécutifs est égale au double du plus petit nombre augmenté d'une unité.*

Deux nombres consécutifs peuvent s'écrire :

$$A,\ A + 1$$

Élevons-les au carré :

$$A^2, A^2 + 2A + 1$$

La différence entre ces deux derniers nombres est :

$$2A + 1$$

§ II. — RACINE CARRÉE D'UN NOMBRE ENTIER

179. — On distingue deux cas dans la recherche de la racine carrée d'un nombre entier.

1er *cas. — Le nombre est inférieur à 100.*

Considérons le tableau contenant les carrés des dix premiers nombres :

(1)	1	2	3	4	5	6	7	8	9
(2)	1	4	9	16	25	36	49	64	81

Si le nombre en question est contenu dans la suite (2), on obtient immédiatement sa racine carrée. On voit, par exemple, que

$$\sqrt{64} = 8$$
$$\sqrt{49} = 7$$

Si le nombre n'est pas contenu dans la suite (2), il est compris entre deux termes consécutifs de cette suite. Soit, par exemple, le nombre 72; il est compris entre les nombres 64 et 81, sa racine carrée sera comprise entre les nombres 8 et 9. La racine carrée de 72 est 8 à une unité près par défaut, ou 9 à une unité près par excès.

180. — 2e *cas. — Le nombre est supérieur à 100.*

La racine est supérieure à 10, elle se compose de dizaines et d'unités, on peut l'écrire :

$$A \times 10 + B$$

Son carré se composera des trois parties

$$A^2 \times 100 + 2A \times 10 \times B + B^2$$

Nous allons établir que *les dizaines de la racine s'obtiennent en extrayant la racine carrée des centaines du nombre.*

Considérons, par exemple, le nombre 7249.

La racine carrée des 72 centaines du nombre est 8; montrons que 8 représente bien les dizaines de la racine. Nous pouvons écrire les inégalités :

$$8^2 < 72 < 9^2 \quad (1)$$

Multiplions tous ces nombres par 100.

$$8^2 \times 100 < 7200 < 9^2 \times 100$$

Ou :

$$(8 \times 10)^2 < 7200 < (9 \times 10)^2 \quad (2)$$

Les deux derniers nombres de l'inégalité (1) diffèrent, ce sont des nombres entiers, ils diffèrent au moins d'une unité. Les deux derniers nombres de l'inégalité (3) diffèrent, par conséquent, d'au moins une centaine. On peut donc ajouter au plus petit de ces deux nombres 7200, le nombre 49, qui est inférieur à 100, sans altérer les inégalités (2), il vient :

$$(8 \times 10)^2 < 7249 < (9 \times 10)^2$$

Ainsi le nombre 7249 contient le carré de 8 dizaines, mais il ne contient pas le carré de 9 dizaines; la racine est donc comprise entre 80 et 90 et le chiffre des dizaines de la racine est 8.

Recherchons maintenant le chiffre des unités de la racine. En désignant par B les unités, le nombre 7249 doit contenir :

$$80^2 + 160 \times B + B^2$$

Si du nombre 7249, nous retranchons le carré des dizaines 6400, le reste 849, contiendra encore le double produit des dizaines par les unités et le carré des unités. Or, le produit des dizaines par des unités donne un certain nombre de dizaines qu'il faut chercher parmi les dizaines 84, du nombre 849.

Divisons 84 par le double 16 des dizaines de la racine, nous obtiendrons les unités du quotient *ou un chiffre trop fort*, car une partie des dizaines du reste peut provenir du carré des unités. Le quotient de 84 par 16 est 6, il y a lieu d'essayer ce chiffre pour voir s'il n'est pas trop fort. A cet effet, il faut former la partie complémentaire :

$$2A \times 10 \times B + B^2$$

et examiner si ce nombre peut se retrancher du reste 849. Cette somme peut s'écrire :

$$(2A \times 10 + B)B$$

N° 7. Prix : 50 Centimes.

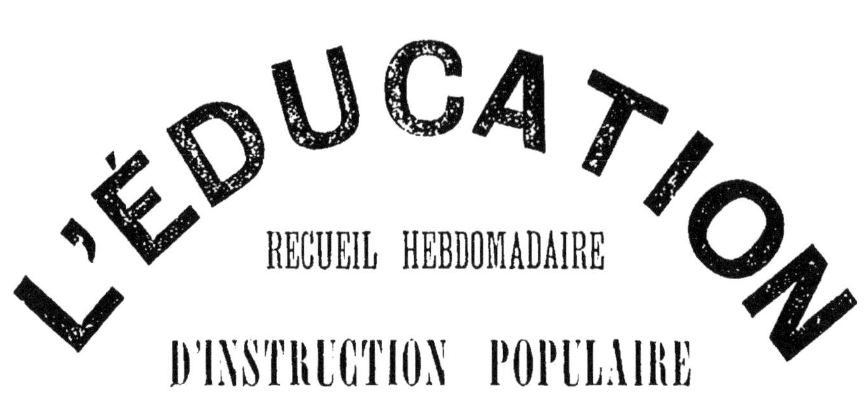

L'ÉDUCATION

RECUEIL HEBDOMADAIRE

D'INSTRUCTION POPULAIRE

A L'USAGE

Des jeunes gens qui se destinent au Commerce à l'Industrie, à l'Armée ; des adultes : Commerçants Fabricants, Industriels, Employés etc., etc.

PREMIERS COURS PUBLIÉS

L'ANGLAIS

Méthode pratique de langue anglaise, permettant d'apprendre à la parler et à l'écrire même sans l'aide du professeur.

PAR

J. FOUGERON

L'ALLEMAND

Par Charles FEUILLIÉ

LA COMPTABILITÉ

Par M. CLAPERON

L'ARITHMÉTIQUE

COURS COMPLET

Par Henri BUISSON

LIBRAIRIE DES PUBLICATIONS MODERNES, 18, Rue Montmartre, PARIS

L'ÉDUCATION

Faire une œuvre utile à tous : jeunes gens qui se destinent au Commerce, à l'Industrie, à l'Armée, etc.; adultes, appelés, soit pour les transactions internationales, à avoir besoin des langues étrangères; soit, pour leurs maisons, à avoir à vérifier leurs livres de comptabilité; tel à été le but de cette publication.

Nous avons commencé par les Cours les plus utiles : *l'*__Anglais,__ *l'*__Allemand,__ *la* __Comptabilité__ *et l'*__Arithmétique.__ *Les noms des Professeurs choisis dans l'Université nous évitent l'éloge que l'on pourrait faire de cette publication.*

*Ces Cours terminés seront immédiatement suivis d'autres Cours : à l'Allemand succédera l'*__Espagnol,__ *à l'Anglais succédera l'*__Italien,__ *à la Comptabilité succédera la* __Bourse,__ *etc., etc.*

LES ÉDITEURS

Maisons-Laffitte. — Imprimerie J. Lucotte

N° 8. Prix : 50 Centimes.

L'ÉDUCATION

RECUEIL HEBDOMADAIRE D'INSTRUCTION POPULAIRE

A L'USAGE

Des jeunes gens qui se destinent au Commerce à l'Industrie, à l'Armée; des adultes : Commerçants Fabricants, Industriels, Employés etc., etc.

PREMIERS COURS PUBLIÉS

L'ANGLAIS

Méthode pratique de langue anglaise, permettant d'apprendre à la parler et à l'écrire même sans l'aide du professeur.

PAR

J. FOUGERON

Professeur agrégé au Collège Rollin

L'ALLEMAND

COURS ÉLÉMENTAIRE de LANGUE ALLEMANDE

PAR **Charles FEUILLIÉ**

Professeur agrégé au Lycée Janson de Sailly

LA COMPTABILITÉ

MÉTHODE PRATIQUE & FACILE

PAR **M. CLAPERON**

Professeur à l'École des Hautes Études commerciales au Collège Chaptal à l'École J.-B. Say et à l'École coloniale

L'ARITHMÉTIQUE

COURS COMPLET

PAR **Henri BUISSON**

Licencié ès-sciences mathématiques Professeur agrégé à l'École J.-B. Say

Les Cours sont séparés et peuvent former des volumes indépendants les uns des autres

LIBRAIRIE DES PUBLICATIONS MODERNES, 18, Rue Montmartre, PARIS

L'ÉDUCATION

Faire une œuvre utile à tous : jeunes gens qui se destinent au Commerce, à l'Industrie, à l'Armée, etc.; adultes, appelés, soit pour les transactions internationales, à avoir besoin des langues étrangères; soit, pour leurs maisons, à avoir à vérifier leurs livres de comptabilité; tel à été le but de cette publication.

Nous avons commencé par les Cours les plus utiles : *l'***Anglais,** *l'***Allemand,** *la* **Comptabilité** *et l'***Arithmétique.** *Les noms des Professeurs choisis dans l'Université nous évitent l'éloge que l'on pourrait faire de cette publication.*

*Ces Cours terminés seront immédiatement suivis d'autres Cours : à l'Allemand succédera l'***Espagnol,** *à l'Anglais succédera l'***Italien,** *à la Comptabilité succédera la* **Bourse.** *etc., etc.*

LES ÉDITEURS

UN NUMÉRO TOUTES LES SEMAINES

50 CENTIMES

Maisons-Laffitte. — Imprimerie J. LUCOTTE

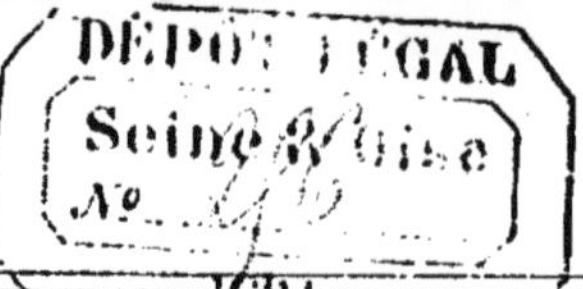

N° 9. Prix : 50 Centimes.

L'ÉDUCATION

RECUEIL HEBDOMADAIRE D'INSTRUCTION POPULAIRE

A L'USAGE

Des jeunes gens qui se destinent au Commerce à l'Industrie, à l'Armée; des adultes : Commerçants Fabricants, Industriels, Employés etc., etc.

PREMIERS COURS PUBLIÉS

L'ANGLAIS

Méthode pratique de langue anglaise, permettant d'apprendre à la parler et à l'écrire même sans l'aide du professeur.

PAR

J. FOUGERON

Professeur agrégé au Collège Rollin

L'ALLEMAND

COURS ÉLÉMENTAIRE de LANGUE ALLEMANDE

PAR Charles FEUILLIÉ

Professeur agrégé au Lycée Janson de Sailly

LA COMPTABILITE

MÉTHODE PRATIQUE & FACILE

PAR M. CLAPERON

Professeur à l'École des Hautes Études commerciales au Collège Chaptal à l'École J.-B. Say et à l'École coloniale

L'ARITHMÉTIQUE

COURS COMPLET

PAR Henri BUISSON

Licencié ès-sciences mathématiques Professeur agrégé à l'École J.-B. Say

Les Cours sont séparés et peuvent former des volumes indépendants les uns des autres

LIBRAIRIE DES PUBLICATIONS MODERNES, 18, Rue Montmartre, PARIS

L'ÉDUCATION

Faire une œuvre utile à tous : jeunes gens qui se destinent au Commerce, à l'Industrie, à l'Armée, etc.; adultes, appelés, soit pour les transactions internationales, à avoir besoin des langues étrangères; soit, pour leurs maisons, à avoir à vérifier leurs livres de comptabilité; tel à été le but de cette publication.

Nous avons commencé par les Cours les plus utiles : *l'*Anglais, *l'*Allemand, *la* Comptabilité *et l'*Arithmétique. *Les noms des Professeurs choisis dans l'Université nous évitent l'éloge que l'on pourrait faire de cette publication.*

*Ces Cours terminés seront immédiatement suivis d'autres Cours : à l'Allemand succèdera l'*Espagnol, *à l'Anglais succèdera l'*Italien, *à la Comptabilité succèdera la* Bourse, *etc., etc.*

LES ÉDITEURS

UN NUMÉRO TOUTES LES SEMAINES

50 CENTIMES

Maisons-Laffitte. — Imprimerie J. Lecoté

N° 10. **Prix : 50 Centimes.**

L'ÉDUCATION

RECUEIL HEBDOMADAIRE

D'INSTRUCTION POPULAIRE

A L'USAGE

Des jeunes gens qui se destinent au Commerce à l'Industrie, à l'Armée; des adultes : Commerçants Fabricants, Industriels, Employés etc., etc.

PREMIERS COURS PUBLIÉS

L'ANGLAIS

Méthode pratique de langue anglaise, permettant d'apprendre à la parler et à l'écrire même sans l'aide du professeur.

PAR

J. FOUGERON

Professeur agrégé au Collège Rollin

L'ALLEMAND

COURS ÉLÉMENTAIRE de LANGUE ALLEMANDE

PAR **Charles FEUILLIÉ**

Professeur agrégé au Lycée Janson de Sailly

LA COMPTABILITÉ

MÉTHODE PRATIQUE & FACILE

PAR **M. CLAPERON**

Professeur à l'École des Hautes Études commerciales au Collège Chaptal à l'École J.-B. Say et à l'École coloniale

L'ARITHMÉTIQUE

COURS COMPLET

PAR **Henri BUISSON**

Licencié ès-sciences mathématiques Professeur agrégé à l'École J.-B. Say

Les Cours sont séparés et peuvent former des volumes indépendants les uns des autres

---

LIBRAIRIE DES PUBLICATIONS MODERNES, 18, Rue Montmartre, PARIS

L'ÉDUCATION

ABONNEMENTS

Paris et Départements....	Un an.....	20 francs
—	Six mois...	11 »
Étranger.............	Un an.....	22 francs
—	Six mois...	12 »

PRIME GRATUITE

A TOUS LES ABONNÉS D'UN AN

Tous les abonnés d'un an recevront en **prime gratuite**, un magnifique volume de **600 pages**, contenant un grand nombre de gravures et ayant pour titre : la **Maison Illustrée**.

Ce volume renferme des recettes, des procédés, des moyens de faire soi-même et à peu de frais quantité de choses utiles au ménage; des jeux, des poésies, des problèmes, etc.

Pour les abonnements à l'**Education**, s'adresser ou écrire à l'Administration, en envoyant un mandat-poste : 18, rue Montmartre, Paris.

L'ÉDUCATION

Faire une œuvre utile à tous : jeunes gens qui se destinent au Commerce, à l'Industrie, à l'Armée, etc.; adultes, appelés, soit pour les transactions internationales, à avoir besoin des langues étrangères; soit, pour leurs maisons, à avoir à vérifier leurs livres de comptabilité; tel à été le but de cette publication.

Nous avons commencé par les Cours les plus utiles : *l'*Anglais, *l'*Allemand, *la* Comptabilité *et l'*Arithmétique. *Les noms des Professeurs choisis dans l'Université nous évitent l'éloge que l'on pourrait faire de cette publication.*

*Ces Cours terminés seront immédiatement suivis d'autres Cours : à l'Allemand succédera l'*Espagnol, *à l'Anglais succédera l'*Italien, *à la Comptabilité succédera la* Bourse, *etc., etc.*

LES ÉDITEURS

Maisons-Laffitte. — Imprimerie J. Lucotte

N° 11. Prix : 50 Centimes.

L'ÉDUCATION

RECUEIL HEBDOMADAIRE D'INSTRUCTION POPULAIRE

A L'USAGE

Des jeunes gens qui se destinent au Commerce à l'Industrie, à l'Armée; des adultes : Commerçants Fabricants, Industriels, Employés etc., etc.

PREMIERS COURS PUBLIÉS

L'ANGLAIS

Méthode pratique de langue anglaise, permettant d'apprendre à la parler et à l'écrire même sans l'aide du professeur.

PAR

J. FOUGERON

Professeur agrégé au Collège Rollin

L'ALLEMAND

COURS ÉLÉMENTAIRE de LANGUE ALLEMANDE

PAR **Charles FEUILLIÉ**

Professeur agrégé au Lycée Janson de Sailly

LA COMPTABILITE

MÉTHODE PRATIQUE & FACILE

PAR **M. CLAPERON**

Professeur à l'École des Hautes Études commerciales au Collège Chaptal à l'École J.-B. Say et à l'École coloniale

L'ARITHMÉTIQUE

COURS COMPLET

PAR **Henri BUISSON**

Licencié ès-sciences mathématiques Professeur agrégé à l'École J.-B. Say

Les Cours sont séparés et peuvent former des volumes indépendants les uns des autres

LIBRAIRIE DES PUBLICATIONS MODERNES, 18, Rue Montmartre, PARIS

L'ÉDUCATION

Faire une œuvre utile à tous : jeunes gens qui se destinent au Commerce, à l'Industrie, à l'Armée, etc. ; adultes, appelés, soit pour les transactions internationales, à avoir besoin des langues étrangères; soit, pour leurs maisons, à avoir à vérifier leurs livres de comptabilité; tel à été le but de cette publication.

Nous avons commencé par les Cours les plus utiles : *l'***Anglais,** *l'***Allemand,** *la* **Comptabilité** *et l'***Arithmétique.** *Les noms des Professeurs choisis dans l'Université nous évitent l'éloge que l'on pourrait faire de cette publication.*

*Ces Cours terminés seront immédiatement suivis d'autres Cours : à l'Allemand succédera l'***Espagnol,** *à l'Anglais succédera l'***Italien,** *à la Comptabilité succédera la* **Bourse,** *etc., etc.*

LES ÉDITEURS

UN NUMÉRO TOUTES LES SEMAINES

50 CENTIMES

Maisons-Laffitte. — Imprimerie J. Lecoite

N° 12. Prix : 50 Centimes.

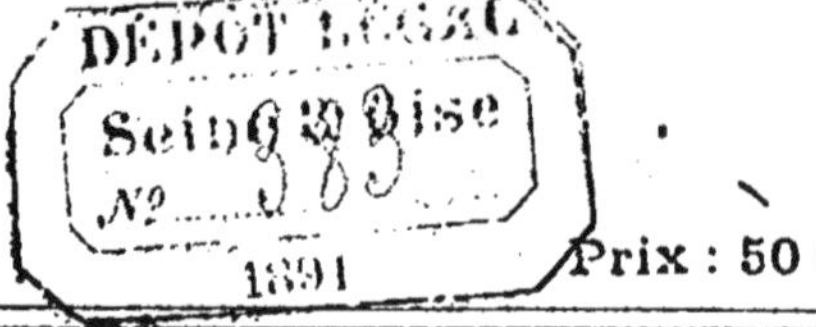

L'ÉDUCATION POUR TOUS

RECUEIL HEBDOMADAIRE D'INSTRUCTION POPULAIRE

A L'USAGE

Des jeunes gens qui se destinent au Commerce à l'Industrie, à l'Armée ; des adultes : Commerçants Fabricants, Industriels, Employés etc., etc.

PREMIERS COURS PUBLIÉS

L'ANGLAIS

Méthode pratique de langue anglaise, permettant d'apprendre à la parler et à l'écrire même sans l'aide du professeur.

PAR

J. FOUGERON

Professeur agrégé au Collège Rollin

L'ALLEMAND

COURS ÉLÉMENTAIRE de LANGUE ALLEMANDE

PAR **Charles FEUILLIÉ**

Professeur agrégé au Lycée Janson de Sailly

LA COMPTABILITÉ

MÉTHODE PRATIQUE & FACILE

PAR **M. CLAPERON**

Professeur à l'École des Hautes Études commerciales au Collège Chaptal à l'École J.-B. Say et à l'École coloniale

L'ARITHMÉTIQUE

COURS COMPLET

PAR **Henri BUISSON**

Licencié ès-sciences mathématiques Professeur agrégé à l'École J.-B. Say

Les Cours sont séparés et peuvent former des volumes indépendants les uns des autres

LIBRAIRIE DES PUBLICATIONS MODERNES, 10, Rue de la Grange-Batelière, PARIS

L'ÉDUCATION

Faire une œuvre utile à tous : jeunes gens qui se destinent au Commerce, à l'Industrie, à l'Armée, etc.; adultes, appelés, soit pour les transactions internationales, à avoir besoin des langues étrangères; soit, pour leurs maisons, à avoir à vérifier leurs livres de comptabilité; tel à été le but de cette publication.

*Nous avons commencé par les Cours les plus utiles : l'***Anglais,** *l'***Allemand,** *la* **Comptabilité** *et l'***Arithmétique.** *Les noms des Professeurs choisis dans l'Université nous évitent l'éloge que l'on pourrait faire de cette publication.*

*Ces Cours terminés seront immédiatement suivis d'autres Cours : à l'Allemand succédera l'***Espagnol,** *à l'Anglais succédera l'***Italien,** *à la Comptabilité succédera la* **Bourse,** *etc., etc.*

LES ÉDITEURS

UN NUMÉRO TOUTES LES SEMAINES

50 CENTIMES

Maisons-Lafitte. — Imprimerie J. Lucotte

N° 13. **Prix : 50 Centimes.**

L'ÉDUCATION POUR TOUS

RECUEIL HEBDOMADAIRE D'INSTRUCTION POPULAIRE

A L'USAGE

Des jeunes gens qui se destinent au Commerce à l'Industrie, à l'Armée ; des adultes : Commerçants Fabricants, Industriels, Employés etc., etc.

PREMIERS COURS PUBLIÉS

L'ANGLAIS

Méthode pratique de langue anglaise, permettant d'apprendre à la parler et à l'écrire même sans l'aide du professeur.

PAR

J. FOUGERON

Professeur agrégé au Collège Rollin

L'ALLEMAND

COURS ÉLÉMENTAIRE de LANGUE ALLEMANDE

Par **Charles FEUILLIÉ**

Professeur agrégé au Lycée Janson de Sailly

LA COMPTABILITÉ

MÉTHODE PRATIQUE & FACILE

Par **M. CLAPERON**

Professeur à l'École des Hautes Études commerciales au Collège Chaptal à l'École J.-B. Say et à l'École coloniale

L'ARITHMÉTIQUE

COURS COMPLET

Par **Henri BUISSON**

Licencié ès-sciences mathématiques Professeur agrégé à l'École J.-B. Say

Les Cours sont séparés et peuvent former des volumes indépendants les uns des autres

LIBRAIRIE DES PUBLICATIONS MODERNES, 10, Rue de la Grange-Batelière, PARIS

L'ÉDUCATION

Faire une œuvre utile à tous : jeunes gens qui se destinent au Commerce, à l'Industrie, à l'Armée, etc.; adultes, appelés, soit pour les transactions internationales, à avoir besoin des langues étrangères; soit, pour leurs maisons, à avoir à vérifier leurs livres de comptabilité; tel à été le but de cette publication.

Nous avons commencé par les Cours les plus utiles : *l'***Anglais,** *l'***Allemand,** *la* **Comptabilité** *et l'***Arithmétique.** *Les noms des Professeurs choisis dans l'Université nous évitent l'éloge que l'on pourrait faire de cette publication.*

*Ces Cours terminés seront immédiatement suivis d'autres Cours : à l'Allemand succédera l'***Espagnol,** *à l'Anglais succédera l'***Italien,** *à la Comptabilité succédera la* **Bourse,** *etc., etc.*

LES ÉDITEURS

UN NUMÉRO TOUTES LES SEMAINES

50 CENTIMES

Maisons-Laffitte. — Imprimerie J. Lucotte

N° 14. Prix : 50 Centimes.

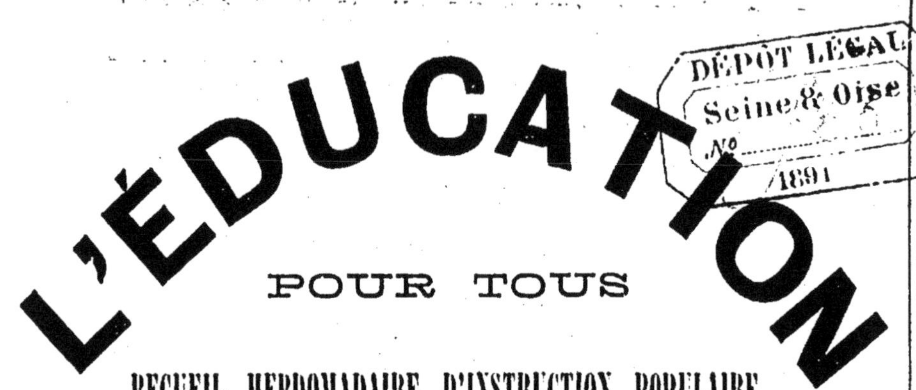

L'ÉDUCATION POUR TOUS

RECUEIL HEBDOMADAIRE D'INSTRUCTION POPULAIRE

A L'USAGE

Des jeunes gens qui se destinent au Commerce à l'Industrie, à l'Armée ; des adultes : Commerçants Fabricants, Industriels, Employés etc., etc.

PREMIERS COURS PUBLIÉS

L'ANGLAIS

Méthode pratique de langue anglaise, permettant d'apprendre à la parler et à l'écrire même sans l'aide du professeur.

PAR

J. FOUGERON

Professeur agrégé au Collège Rollin

L'ALLEMAND

COURS ÉLÉMENTAIRE de LANGUE ALLEMANDE

PAR **Charles FEUILLIÉ**

Professeur agrégé au Lycée Janson de Sailly

LA COMPTABILITÉ

MÉTHODE PRATIQUE & FACILE

PAR **M. CLAPERON**

Professeur à l'École des Hautes Études commerciales
au Collège Chaptal
à l'École J.-B. Say et à l'École coloniale

L'ARITHMÉTIQUE

COURS COMPLET

PAR **Henri BUISSON**

Licencié ès-sciences mathématiques
Professeur agrégé à l'École J.-B. Say

Les Cours sont séparés et peuvent former des volumes indépendants les uns des autres

LIBRAIRIE DES PUBLICATIONS MODERNES, 10, Rue de la Grange-Batelière ; PARIS

L'ÉDUCATION

Faire une œuvre utile à tous : jeunes gens qui se destinent au Commerce, à l'Industrie, à l'Armée, etc.; adultes, appelés, soit pour les transactions internationales, à avoir besoin des langues étrangères; soit, pour leurs maisons, à avoir à vérifier leurs livres de comptabilité; tel à été le but de cette publication.

Nous avons commencé par les Cours les plus utiles : *l'*Anglais, *l'*Allemand, *la* Comptabilité *et l'*Arithmétique. *Les noms des Professeurs choisis dans l'Université nous évitent l'éloge que l'on pourrait faire de cette publication.*

*Ces Cours terminés seront immédiatement suivis d'autres Cours : à l'Allemand succédera l'*Espagnol, *à l'Anglais succédera l'*Italien, *à la Comptabilité succédera la* Bourse, *etc., etc.*

LES ÉDITEURS

UN NUMÉRO TOUTES LES SEMAINES

50 CENTIMES

Maisons-Laffitte. — Imprimerie J. Lucotte

N° 15. **Prix : 50 Centimes.**

L'ÉDUCATION POUR TOUS

RECUEIL HEBDOMADAIRE D'INSTRUCTION POPULAIRE

A L'USAGE

Des jeunes gens qui se destinent au Commerce à l'Industrie, à l'Armée ; des adultes : Commerçants Fabricants, Industriels, Employés etc., etc.

PREMIERS COURS PUBLIÉS

L'ANGLAIS

Méthode pratique de langue anglaise, permettant d'apprendre à la parler et à l'écrire même sans l'aide du professeur.

PAR

J. FOUGERON

Professeur agrégé au Collège Rollin

L'ALLEMAND

COURS ÉLÉMENTAIRE de LANGUE ALLEMANDE

PAR **Charles FEUILLIÉ**

Professeur agrégé au Lycée Janson de Sailly

LA COMPTABILITÉ

MÉTHODE PRATIQUE & FACILE

PAR **M. CLAPERON**

Professeur à l'École des Hautes Études commerciales au Collège Chaptal à l'École J.-B. Say et à l'École coloniale

L'ARITHMÉTIQUE

COURS COMPLET

PAR **Henri BUISSON**

Licencié ès-sciences mathématiques Professeur agrégé à l'École J.-B. Say

Les Cours sont séparés et peuvent former des volumes indépendants les uns des autres

---

LIBRAIRIE DES PUBLICATIONS MODERNES, 10, Rue de la Grange-Batelière, PARIS

L'ÉDUCATION

Faire une œuvre utile à tous : jeunes gens qui se destinent au Commerce, à l'Industrie, à l'Armée, etc.; adultes, appelés, soit pour les transactions internationales, à avoir besoin des langues étrangères; soit, pour leurs maisons, à avoir à vérifier leurs livres de comptabilité; tel à été le but de cette publication.

Nous avons commencé par les Cours les plus utiles : *l'***Anglais,** *l'***Allemand,** *la* **Comptabilité** *et l'***Arithmétique.** *Les noms des Professeurs choisis dans l'Université nous évitent l'éloge que l'on pourrait faire de cette publication.*

*Ces Cours terminés seront immédiatement suivis d'autres Cours : à l'Allemand succèdera l'***Espagnol,** *à l'Anglais succèdera l'***Italien,** *à la Comptabilité succèdera la* **Bourse.** *etc., etc.*

LES ÉDITEURS

UN NUMÉRO TOUTES LES SEMAINES

50 CENTIMES

Maisons-Laffitte. — Imprimerie J. Lucotte

N° 16. Prix : 50 Centimes.

L'ÉDUCATION POUR TOUS

RECUEIL HEBDOMADAIRE D'INSTRUCTION POPULAIRE

A L'USAGE

Des jeunes gens qui se destinent au Commerce à l'Industrie, à l'Armée ; des adultes : Commerçants Fabricants, Industriels, Employés etc., etc.

PREMIERS COURS PUBLIÉS

L'ANGLAIS

Méthode pratique de langue anglaise, permettant d'apprendre à la parler et à l'écrire même sans l'aide du professeur.

PAR

J. FOUGERON

Professeur agrégé au Collège Rollin

L'ALLEMAND

COURS ÉLÉMENTAIRE de LANGUE ALLEMANDE

PAR **Charles FEUILLIÉ**

Professeur agrégé au Lycée Janson de Sailly

LA COMPTABILITÉ

MÉTHODE PRATIQUE & FACILE

PAR **M. CLAPERON**

Professeur à l'École des Hautes Études commerciales au Collège Chaptal à l'École J.-B. Say et à l'École coloniale

L'ARITHMÉTIQUE

COURS COMPLET

PAR **Henri BUISSON**

Licencié ès-sciences mathématiques Professeur agrégé à l'École J.-B. Say

Les Cours sont séparés et peuvent former des volumes indépendants les uns des autres

LIBRAIRIE DES PUBLICATIONS MODERNES, 10, Rue de la Grange-Batelière, PARIS

L'ÉDUCATION

Faire une œuvre utile à tous : jeunes gens qui se destinent au Commerce, à l'Industrie, à l'Armée, etc.; adultes, appelés, soit pour les transactions internationales, à avoir besoin des langues étrangères; soit, pour leurs maisons, à avoir à vérifier leurs livres de comptabilité; tel à été le but de cette publication.

Nous avons commencé par les Cours les plus utiles : *l'***Anglais,** *l'***Allemand,** *la* **Comptabilité** *et l'***Arithmétique.** *Les noms des Professeurs choisis dans l'Université nous évitent l'éloge que l'on pourrait faire de cette publication.*

*Ces Cours terminés seront immédiatement suivis d'autres Cours : à l'Allemand succédera l'***Espagnol,** *à l'Anglais succédera l'***Italien,** *à la Comptabilité succédera la* **Bourse,** *etc., etc.*

LES ÉDITEURS

UN NUMÉRO TOUTES LES SEMAINES

50 CENTIMES

Maisons-Laffitte. — Imprimerie J. Lucotte

N° 17. Prix : 50 Centimes.

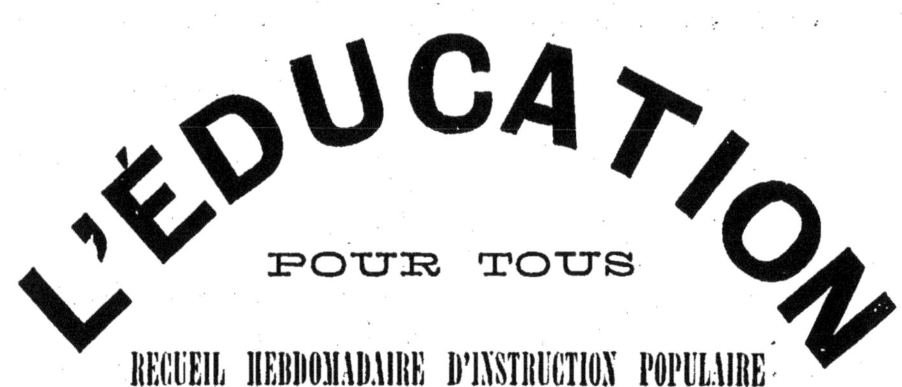

L'ÉDUCATION POUR TOUS

RECUEIL HEBDOMADAIRE D'INSTRUCTION POPULAIRE

A L'USAGE

Des jeunes gens qui se destinent au Commerce
à l'Industrie, à l'Armée ; des adultes : Commerçants
Fabricants, Industriels, Employés
etc., etc.

PREMIERS COURS PUBLIÉS

L'ANGLAIS

Méthode pratique de langue anglaise, permettant d'apprendre à la parler et à l'écrire même sans l'aide du professeur.

PAR

J. FOUGERON

Professeur agrégé au Collège Rollin

L'ALLEMAND

COURS ÉLÉMENTAIRE de LANGUE ALLEMANDE

Par Charles FEUILLIÉ

Professeur agrégé au Lycée Janson de Sailly

LA COMPTABILITÉ

MÉTHODE PRATIQUE & FACILE

Par M. CLAPERON

Professeur à l'École des Hautes Études commerciales
au Collège Chaptal
à l'École J.-B. Say et à l'École coloniale

L'ARITHMÉTIQUE

COURS COMPLET

Par Henri BUISSON

Licencié ès-sciences mathématiques
Professeur agrégé à l'École J.-B. Say

Les Cours sont séparés et peuvent former des volumes indépendants les uns des autres

LIBRAIRIE DES PUBLICATIONS MODERNES, 10, Rue de la Grange-Batelière, PARIS

L'ÉDUCATION

Faire une œuvre utile à tous : jeunes gens qui se destinent au Commerce, à l'Industrie, à l'Armée, etc.; adultes, appelés, soit pour les transactions internationales, à avoir besoin des langues étrangères; soit, pour leurs maisons, à avoir à vérifier leurs livres de comptabilité; tel à été le but de cette publication.

Nous avons commencé par les Cours les plus utiles : *l'*Anglais, *l'*Allemand, *la* Comptabilité *et l'*Arithmétique. *Les noms des Professeurs choisis dans l'Université nous évitent l'éloge que l'on pourrait faire de cette publication.*

*Ces Cours terminés seront immédiatement suivis d'autres Cours : à l'Allemand succèdera l'*Espagnol, *à l'Anglais succèdera l'*Italien, *à la Comptabilité succèdera la* Bourse, *etc., etc.*

LES ÉDITEURS

UN NUMÉRO TOUTES LES SEMAINES

50 CENTIMES

Maisons-Laffitte. — Imprimerie J. Lucotte

N° 18. Prix : 50 Centimes.

RECUEIL HEBDOMADAIRE D'INSTRUCTION POPULAIRE

A L'USAGE

Des jeunes gens qui se destinent au Commerce à l'Industrie, à l'Armée ; des adultes : Commerçants Fabricants, Industriels, Employés etc., etc.

PREMIERS COURS PUBLIÉS

L'ANGLAIS

Méthode pratique de langue anglaise, permettant d'apprendre à la parler et à l'écrire même sans l'aide du professeur.

PAR

J. FOUGERON

Professeur agrégé au Collège Rollin

L'ALLEMAND

COURS ÉLÉMENTAIRE de LANGUE ALLEMANDE

Par **Charles FEUILLIÉ**

Professeur agrégé au Lycée Janson de Sailly

LA COMPTABILITÉ

MÉTHODE PRATIQUE & FACILE

Par **M. CLAPERON**

Professeur à l'École des Hautes Études commerciales au Collège Chaptal à l'École J.-B. Say et à l'École coloniale

L'ARITHMÉTIQUE

COURS COMPLET

Par **Henri BUISSON**

Licencié ès-sciences mathématiques Professeur agrégé à l'École J.-B. Say

Les Cours sont séparés et peuvent former des volumes indépendants les uns des autres

LIBRAIRIE DES PUBLICATIONS MODERNES, 10, Rue de la Grange-Batelière, PARIS

L'ÉDUCATION

Faire une œuvre utile à tous : jeunes gens qui se destinent au Commerce, à l'Industrie, à l'Armée, etc.; adultes, appelés, soit pour les transactions internationales, à avoir besoin des langues étrangères; soit, pour leurs maisons, à avoir à vérifier leurs livres de comptabilité; tel à été le but de cette publication.

Nous avons commencé par les Cours les plus utiles : *l'*Anglais, *l'*Allemand, *la* **Comptabilité** *et l'***Arithmétique**. *Les noms des Professeurs choisis dans l'Université nous évitent l'éloge que l'on pourrait faire de cette publication.*

*Ces Cours terminés seront immédiatement suivis d'autres Cours : à l'Allemand succédera l'***Espagnol**, *à l'Anglais succédera l'***Italien**, *à la Comptabilité succédera la* **Bourse**, *etc., etc.*

LES ÉDITEURS

UN NUMÉRO TOUTES LES SEMAINES

50 CENTIMES

Maisons-Laffitte. — Imprimerie J. Lecoffe

N° 19. Prix : 50 Centimes.

L'ÉDUCATION POUR TOUS

RECUEIL HEBDOMADAIRE D'INSTRUCTION POPULAIRE

A L'USAGE

Des jeunes gens qui se destinent au Commerce à l'Industrie, à l'Armée ; des adultes : Commerçants Fabricants, Industriels, Employés etc., etc.

PREMIERS COURS PUBLIÉS

L'ANGLAIS

Méthode pratique de langue anglaise, permettant d'apprendre à la parler et à l'écrire même sans l'aide du professeur.

PAR

J. FOUGERON

Professeur agrégé au Collège Rollin

L'ALLEMAND

COURS ÉLÉMENTAIRE de LANGUE ALLEMANDE

PAR Charles FEUILLIÉ

Professeur agrégé au Lycée Janson de Sailly

LA COMPTABILITÉ

MÉTHODE PRATIQUE & FACILE

PAR M. CLAPERON

Professeur à l'École des Hautes Études commerciales au Collège Chaptal à l'École J.-B. Say et à l'École coloniale

L'ARITHMÉTIQUE

COURS COMPLET

PAR Henri BUISSON

Licencié ès-sciences mathématiques
Professeur agrégé à l'École J.-B. Say

Les Cours sont séparés et peuvent former des volumes indépendants les uns des autres

LIBRAIRIE DES PUBLICATIONS MODERNES, 10, Rue de la Grange-Batelière, PARIS

L'ÉDUCATION

Faire une œuvre utile à tous : jeunes gens qui se destinent au Commerce, à l'Industrie, à l'Armée, etc.; adultes, appelés, soit pour les transactions internationales, à avoir besoin des langues étrangères; soit, pour leurs maisons, à avoir à vérifier leurs livres de comptabilité; tel à été le but de cette publication.

Nous avons commencé par les Cours les plus utiles : *l'*__Anglais,__ *l'*__Allemand,__ *la* **Comptabilité** *et l'*__Arithmétique.__ *Les noms des Professeurs choisis dans l'Université nous évitent l'éloge que l'on pourrait faire de cette publication.*

*Ces Cours terminés seront immédiatement suivis d'autres Cours : à l'Allemand succédera l'*__Espagnol,__ *à l'Anglais succédera l'*__Italien,__ *à la Comptabilité succédera la* **Bourse**, *etc., etc.*

LES ÉDITEURS

UN NUMÉRO TOUTES LES SEMAINES

50 CENTIMES

Maisons-Lafitte. — Imprimerie J. Lecoite

N° 20. Prix : 50 Centimes.

L'ÉDUCATION POUR TOUS

RECUEIL HEBDOMADAIRE D'INSTRUCTION POPULAIRE

A L'USAGE

Des jeunes gens qui se destinent au Commerce à l'Industrie, à l'Armée; des adultes : Commerçants Fabricants, Industriels, Employés etc., etc.

PREMIERS COURS PUBLIÉS

L'ANGLAIS

Méthode pratique de langue anglaise, permettant d'apprendre à la parler et à l'écrire même sans l'aide du professeur.

PAR

J. FOUGERON

Professeur agrégé au Collège Rollin

L'ALLEMAND

COURS ÉLÉMENTAIRE de LANGUE ALLEMANDE

PAR **Charles FEUILLIÉ**

Professeur agrégé au Lycée Janson de Sailly

LA COMPTABILITÉ

MÉTHODE PRATIQUE & FACILE

PAR **M. CLAPERON**

Professeur à l'École des Hautes Études commerciales au Collège Chaptal à l'École J.-B. Say et à l'École coloniale

L'ARITHMÉTIQUE

COURS COMPLET

PAR **Henri BUISSON**

Licencié ès-sciences mathématiques Professeur agrégé à l'École J.-B. Say

Les Cours sont séparés et peuvent former des volumes indépendants les uns des autres

LIBRAIRIE DES PUBLICATIONS MODERNES, 10, Rue de la Grange-Batelière, PARIS

L'ÉDUCATION

Faire une œuvre utile à tous : jeunes gens qui se destinent au Commerce, à l'Industrie, à l'Armée, etc.; adultes, appelés, soit pour les transactions internationales, à avoir besoin des langues étrangères; soit, pour leurs maisons, à avoir à vérifier leurs livres de comptabilité; tel à été le but de cette publication.

*Nous avons commencé par les Cours les plus utiles : l'*Anglais, *l'*Allemand, *la* Comptabilité *et l'*Arithmétique. *Les noms des Professeurs choisis dans l'Université nous évitent l'éloge que l'on pourrait faire de cette publication.*

*Ces Cours terminés seront immédiatement suivis d'autres Cours : à l'Allemand succèdera l'*Espagnol, *à l'Anglais succèdera l'*Italien, *à la Comptabilité succèdera la* Bourse, *etc., etc.*

LES ÉDITEURS

UN NUMÉRO TOUTES LES SEMAINES

50 CENTIMES

Maisons-Laffitte. — Imprimerie J. Lecoite

N° 21. Prix : 50 Centimes.

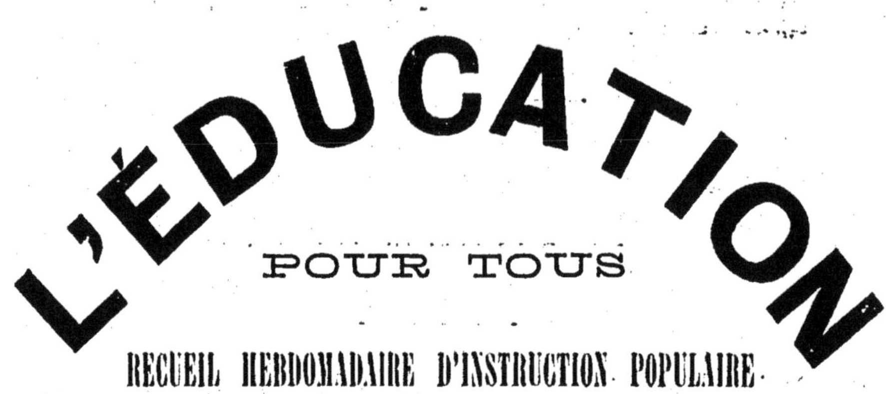

L'ÉDUCATION POUR TOUS

RECUEIL HEBDOMADAIRE D'INSTRUCTION POPULAIRE

A L'USAGE

Des jeunes gens qui se destinent au Commerce à l'Industrie, à l'Armée; des adultes : Commerçants Fabricants, Industriels, Employés etc., etc.

PREMIERS COURS PUBLIÉS

L'ANGLAIS

Méthode pratique de langue anglaise, permettant d'apprendre à la parler et à l'écrire même sans l'aide du professeur.

PAR

J. FOUGERON

Professeur agrégé au Collège Rollin

L'ALLEMAND

COURS ÉLÉMENTAIRE de LANGUE ALLEMANDE

PAR Charles FEUILLIÉ

Professeur agrégé au Lycée Janson de Sailly

LA COMPTABILITÉ

MÉTHODE PRATIQUE & FACILE

PAR M. CLAPERON

Professeur à l'École des Hautes Études commerciales au Collège Chaptal à l'École J.-B. Say et à l'École coloniale

L'ARITHMÉTIQUE

COURS COMPLET

PAR Henri BUISSON

Licencié ès-sciences mathématiques Professeur agrégé à l'École J.-B. Say

Les Cours sont séparés et peuvent former des volumes indépendants les uns des autres

LIBRAIRIE DES PUBLICATIONS MODERNES, 10, Rue de la Grange-Batelière, PARIS

L'ÉDUCATION

Faire une œuvre utile à tous : jeunes gens qui se destinent au Commerce, à l'Industrie, à l'Armée, etc.; adultes, appelés, soit pour les transactions internationales, à avoir besoin des langues étrangères; soit, pour leurs maisons, à avoir à vérifier leurs livres de comptabilité; tel à été le but de cette publication.

Nous avons commencé par les Cours les plus utiles : *l'*__Anglais,__ *l'*__Allemand,__ *la* __Comptabilité__ *et l'*__Arithmétique.__ *Les noms des Professeurs choisis dans l'Université nous évitent l'éloge que l'on pourrait faire de cette publication.*

*Ces Cours terminés seront immédiatement suivis d'autres Cours : à l'Allemand succèdera l'*__Espagnol,__ *à l'Anglais succèdera l'*__Italien,__ *à la Comptabilité succèdera la* __Bourse,__ *etc., etc.*

LES ÉDITEURS

UN NUMÉRO TOUTES LES SEMAINES

50 CENTIMES

Maisons-Laffitte. — Imprimerie J. Lucotte

22

N° ~~14~~ Prix : 50 Centimes.

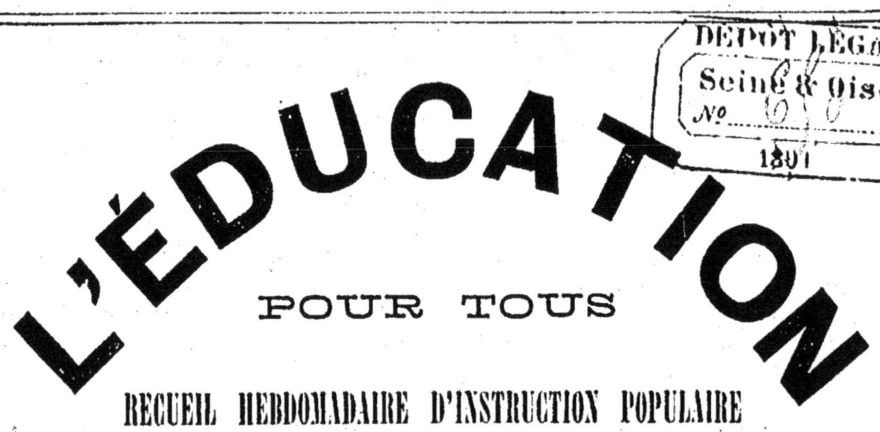

RECUEIL HEBDOMADAIRE D'INSTRUCTION POPULAIRE

A L'USAGE

Des jeunes gens qui se destinent au Commerce à l'Industrie, à l'Armée ; des adultes : Commerçants Fabricants, Industriels, Employés etc., etc.

PREMIERS COURS PUBLIÉS

L'ANGLAIS

Méthode pratique de langue anglaise, permettant d'apprendre à la parler et à l'écrire même sans l'aide du professeur.

PAR

J. FOUGERON

Professeur agrégé au Collège Rollin

L'ALLEMAND

COURS ÉLÉMENTAIRE de LANGUE ALLEMANDE

PAR **Charles FEUILLIÉ**

Professeur agrégé au Lycée Janson de Sailly

LA COMPTABILITÉ

MÉTHODE PRATIQUE & FACILE

PAR **M. CLAPERON**

Professeur à l'École des Hautes Études commerciales au Collège Chaptal à l'École J.-B. Say et à l'École coloniale

L'ARITHMÉTIQUE

COURS COMPLET

PAR **Henri BUISSON**

Licencié ès-sciences mathématiques Professeur agrégé à l'École J.-B. Say

Les Cours sont séparés et peuvent former des volumes indépendants les uns des autres

LIBRAIRIE DES PUBLICATIONS MODERNES, 10, Rue de la Grange-Batelière, PARIS

L'ÉDUCATION

Faire une œuvre utile à tous : jeunes gens qui se destinent au Commerce, à l'Industrie, à l'Armée, etc.; adultes, appelés, soit pour les transactions internationales, à avoir besoin des langues étrangères; soit, pour leurs maisons, à avoir à vérifier leurs livres de comptabilité; tel à été le but de cette publication.

Nous avons commencé par les Cours les plus utiles : *l'***Anglais,** *l'***Allemand,** *la* **Comptabilité** *et l'***Arithmétique.** *Les noms des Professeurs choisis dans l'Université nous évitent l'éloge que l'on pourrait faire de cette publication.*

*Ces Cours terminés seront immédiatement suivis d'autres Cours : à l'Allemand succédera l'***Espagnol,** *à l'Anglais succédera l'***Italien,** *à la Comptabilité succédera la* **Bourse,** *etc., etc.*

LES ÉDITEURS

UN NUMÉRO TOUTES LES SEMAINES

50 CENTIMES

Maisons-Lafitte. — Imprimerie J. Lucotte

N° 23

Prix : 50 Centimes.

L'ÉDUCATION POUR TOUS

RECUEIL HEBDOMADAIRE D'INSTRUCTION POPULAIRE

A L'USAGE

Des jeunes gens qui se destinent au Commerce à l'Industrie, à l'Armée ; des adultes : Commerçants Fabricants, Industriels, Employés etc., etc.

PREMIERS COURS PUBLIÉS

L'ANGLAIS

Méthode pratique de langue anglaise, permettant d'apprendre à la parler et à l'écrire même sans l'aide du professeur.

PAR

J. FOUGERON

Professeur agrégé au Collège Rollin

L'ALLEMAND

COURS ÉLÉMENTAIRE de LANGUE ALLEMANDE

PAR Charles FEUILLIÉ

Professeur agrégé au Lycée Janson de Sailly

LA COMPTABILITÉ

MÉTHODE PRATIQUE & FACILE

PAR M. CLAPERON

Professeur à l'École des Hautes Études commerciales au Collège Chaptal à l'École J.-B. Say et à l'École coloniale

L'ARITHMÉTIQUE

COURS COMPLET

PAR Henri BUISSON

Licencié ès-sciences mathématiques Professeur agrégé à l'École J.-B. Say

Les Cours sont séparés et peuvent former des volumes indépendants les uns des autres

LIBRAIRIE DES PUBLICATIONS MODERNES, 10, Rue de la Grange-Batelière, PARIS

L'ÉDUCATION

Faire une œuvre utile à tous : jeunes gens qui se destinent au Commerce, à l'Industrie, à l'Armée, etc.; adultes, appelés, soit pour les transactions internationales, à avoir besoin des langues étrangères; soit, pour leurs maisons, à avoir à vérifier leurs livres de comptabilité; tel à été le but de cette publication.

Nous avons commencé par les Cours les plus utiles : *l'***Anglais,** *l'***Allemand,** *la* **Comptabilité** *et l'***Arithmétique.** *Les noms des Professeurs choisis dans l'Université nous évitent l'éloge que l'on pourrait faire de cette publication.*

*Ces Cours terminés seront immédiatement suivis d'autres Cours : à l'Allemand succédera l'***Espagnol,** *à l'Anglais succédera l'***Italien,** *à la Comptabilité succédera la* **Bourse,** *etc., etc.*

LES ÉDITEURS

UN NUMÉRO TOUTES LES SEMAINES

50 CENTIMES

Maisons-Lafitte. — Imprimerie J. Lucotte

N° 24 ~~3~~.

Prix : 50 Centimes.

L'ÉDUCATION

RECUEIL HEBDOMADAIRE D'INSTRUCTION POPULAIRE

A L'USAGE

Des jeunes gens qui se destinent au Commerce à l'Industrie, à l'Armée ; des adultes : Commerçants Fabricants, Industriels, Employés etc., etc.

PREMIERS COURS PUBLIÉS

L'ANGLAIS

Méthode pratique de langue anglaise, permettant d'apprendre à la parler et à l'écrire même sans l'aide du professeur.

PAR

J. FOUGERON

Professeur agrégé au Collège Rollin

L'ALLEMAND

COURS ÉLÉMENTAIRE de LANGUE ALLEMANDE

PAR **Charles FEUILLIÉ**

Professeur agrégé au Lycée Janson de Sailly

LA COMPTABILITÉ

MÉTHODE PRATIQUE & FACILE

PAR **M. CLAPERON**

Professeur à l'École des Hautes Études commerciales au Collège Chaptal à l'École J.-B. Say et à l'École coloniale

L'ARITHMÉTIQUE

COURS COMPLET

PAR **Henri BUISSON**

Licencié ès-sciences mathématiques Professeur agrégé à l'École J.-B. Say

Les Cours sont séparés et peuvent former des volumes indépendants les uns des autres

LIBRAIRIE DES PUBLICATIONS MODERNES, 18, Rue Montmartre, PARIS

L'ÉDUCATION

Faire une œuvre utile à tous : jeunes gens qui se destinent au Commerce, à l'Industrie, à l'Armée, etc.; adultes, appelés, soit pour les transactions internationales, à avoir besoin des langues étrangères; soit, pour leurs maisons, à avoir à vérifier leurs livres de comptabilité; tel à été le but de cette publication.

Nous avons commencé par les Cours les plus utiles : *l'*__Anglais,__ *l'*__Allemand,__ *la* **Comptabilité** *et l'*__Arithmétique.__ *Les noms des Professeurs choisis dans l'Université nous évitent l'éloge que l'on pourrait faire de cette publication.*

*Ces Cours terminés seront immédiatement suivis d'autres Cours : à l'Allemand succédera l'*__Espagnol,__ *à l'Anglais succédera l'*__Italien,__ *à la Comptabilité succédera la* **Bourse,** *etc., etc.*

LES ÉDITEURS

UN NUMÉRO TOUTES LES SEMAINES

50 CENTIMES

Maisons-Laffitte. — Imprimerie J. Lucotte

N° 3. Prix : 50 Centimes.

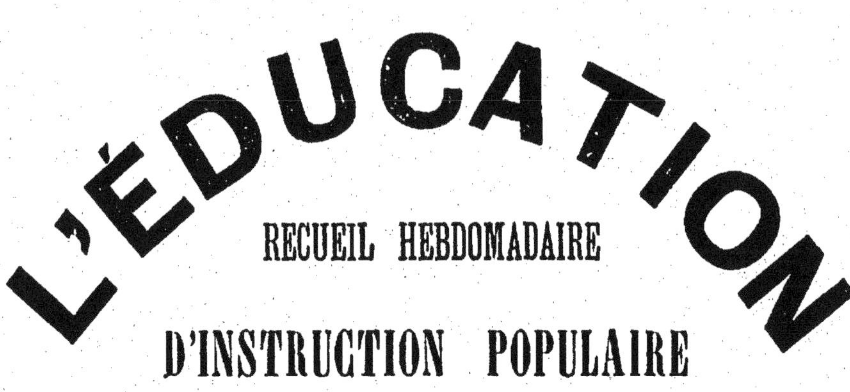

L'ÉDUCATION

RECUEIL HEBDOMADAIRE

D'INSTRUCTION POPULAIRE

A L'USAGE

Des jeunes gens qui se destinent au Commerce à l'Industrie, à l'Armée ; des adultes : Commerçants Fabricants, Industriels, Employés etc., etc.

PREMIERS COURS PUBLIÉS

L'ANGLAIS

Méthode pratique de langue anglaise, permettant d'apprendre à la parler et à l'écrire même sans l'aide du professeur.

PAR

J. FOUGERON

Professeur agrégé au Collège Rollin

L'ALLEMAND

COURS ÉLÉMENTAIRE de LANGUE ALLEMANDE

PAR Charles FEUILLIÉ

Professeur agrégé au Lycée Janson de Sailly

LA COMPTABILITÉ

MÉTHODE PRATIQUE & FACILE

PAR M. CLAPERON

Professeur à l'École des Hautes Études commerciales au Collège Chaptal à l'École J.-B. Say et à l'École coloniale

L'ARITHMÉTIQUE

COURS COMPLET

PAR Henri BUISSON

Licencié ès-sciences mathématiques Professeur agrégé à l'École J.-B. Say

Les Cours sont séparés et peuvent former des volumes indépendants les uns des autres

LIBRAIRIE DES PUBLICATIONS MODERNES, 18, Rue Montmartre, PARIS

L'ÉDUCATION

Faire une œuvre utile à tous : jeunes gens qui se destinent au Commerce, à l'Industrie, à l'Armée, etc.; adultes, appelés, soit pour les transactions internationales, à avoir besoin des langues étrangères; soit, pour leurs maisons, à avoir à vérifier leurs livres de comptabilité; tel à été le but de cette publication.

Nous avons commencé par les Cours les plus utiles : *l'***Anglais,** *l'***Allemand,** *la* **Comptabilité** *et l'***Arithmétique.** *Les noms des Professeurs choisis dans l'Université nous évitent l'éloge que l'on pourrait faire de cette publication.*

*Ces Cours terminés seront immédiatement suivis d'autres Cours : à l'Allemand succèdera l'***Espagnol,** *à l'Anglais succèdera l'***Italien,** *à la Comptabilité succèdera la* **Bourse,** *etc., etc.*

LES ÉDITEURS

UN NUMÉRO TOUTES LES SEMAINES

50 CENTIMES

Maisons-Laffitte. — Imprimerie J. Lucotte

www.ingramcontent.com/pod-product-compliance
Ingram Content Group UK Ltd.
Pitfield, Milton Keynes, MK11 3LW, UK
UKHW012201240726
13966UKWH00002B/499

9 782012 866065